Day 1

$7 + 9 =$ _____

$3 - 2 =$ _____

$4 \times 4 =$ _____

$1 / 1 =$ _____

$7 + 5 + 4 =$ _____

$4 + 2 \times 1 / 3 =$ _____

$1 + 5 =$ _____

$3 - 1 =$ _____

$4 \times 2 =$ _____

$2 / 1 =$ _____

Day 2

$$5 + 9 = \rule{2cm}{0.4pt}$$

$$7 - 1 = \rule{2cm}{0.4pt}$$

$$2 \times 1 = \rule{2cm}{0.4pt}$$

$$6 / 3 = \rule{2cm}{0.4pt}$$

$$7 + 3 + 5 = \rule{2cm}{0.4pt}$$

$$4 + 1 \times 3 / 3 = \rule{2cm}{0.4pt}$$

$$6 + 7 = \rule{2cm}{0.4pt}$$

$$9 - 1 = \rule{2cm}{0.4pt}$$

$$2 \times 1 = \rule{2cm}{0.4pt}$$

$$12 / 3 = \rule{2cm}{0.4pt}$$

Day 3

$9 + 8 =$ _____

$7 - 5 =$ _____

$2 \times 2 =$ _____

$2 / 2 =$ _____

$8 + 5 + 6 =$ _____

$4 + 1 \times 1 / 4 =$ _____

$6 + 9 =$ _____

$2 - 1 =$ _____

$3 \times 2 =$ _____

$8 / 4 =$ _____

Day 4

6 + 5 = _____

9 - 5 = _____

4 x 4 = _____

8 / 2 = _____

3 + 8 + 9 = _____

3 + 1 x 3 / 1 = _____

4 + 9 = _____

3 - 1 = _____

3 x 2 = _____

8 / 2 = _____

Day 5

$5 + 4 =$ _____

$8 - 3 =$ _____

$1 \times 1 =$ _____

$4 / 1 =$ _____

$4 + 2 + 5 =$ _____

$1 + 2 \times 2 / 4 =$ _____

$7 + 2 =$ _____

$5 - 3 =$ _____

$2 \times 4 =$ _____

$3 / 1 =$ _____

Day 6

$7 + 1 = \underline{\qquad}$

$8 - 6 = \underline{\qquad}$

$4 \times 2 = \underline{\qquad}$

$2 / 2 = \underline{\qquad}$

$8 + 2 + 7 = \underline{\qquad}$

$2 + 1 \times 4 / 3 = \underline{\qquad}$

$2 + 7 = \underline{\qquad}$

$2 - 1 = \underline{\qquad}$

$3 \times 3 = \underline{\qquad}$

$9 / 3 = \underline{\qquad}$

Day 7

$8 + 1 =$ _____

$2 - 1 =$ _____

$4 \times 1 =$ _____

$3 / 3 =$ _____

$9 + 4 + 9 =$ _____

$1 + 2 \times 2 / 2 =$ _____

$1 + 5 =$ _____

$2 - 1 =$ _____

$3 \times 4 =$ _____

$12 / 3 =$ _____

Day 8

7 + 8 = _____

6 - 2 = _____

1 x 1 = _____

3 / 1 = _____

9 + 1 + 5 = _____

4 + 4 x 4 / 4 = _____

3 + 1 = _____

2 - 1 = _____

4 x 1 = _____

8 / 2 = _____

Day 9

$3 + 8 =$ _____

$3 - 1 =$ _____

$2 \times 2 =$ _____

$12 / 3 =$ _____

$6 + 3 + 2 =$ _____

$2 + 3 \times 2 / 3 =$ _____

$6 + 9 =$ _____

$8 - 6 =$ _____

$4 \times 1 =$ _____

$8 / 4 =$ _____

Day 10

5 + 3 = _____

6 - 5 = _____

4 x 3 = _____

16 / 4 = _____

7 + 4 + 1 = _____

2 + 3 x 3 / 1 = _____

7 + 2 = _____

5 - 1 = _____

4 x 3 = _____

6 / 3 = _____

Day 11

$3 + 9 =$ _____

$4 - 2 =$ _____

$1 \times 4 =$ _____

$4 / 2 =$ _____

$7 + 5 + 4 =$ _____

$4 + 4 \times 3 / 3 =$ _____

$6 + 4 =$ _____

$7 - 3 =$ _____

$3 \times 1 =$ _____

$3 / 3 =$ _____

Day 12

2 + 9 = _____

8 - 1 = _____

3 x 2 = _____

16 / 4 = _____

7 + 9 + 8 = _____

2 + 4 x 3 / 1 = _____

7 + 9 = _____

3 - 1 = _____

2 x 4 = _____

4 / 1 = _____

Day 13

$3 + 1 = $ _____

$6 - 5 = $ _____

$3 \times 1 = $ _____

$2 / 2 = $ _____

$4 + 6 + 8 = $ _____

$2 + 3 \times 2 / 4 = $ _____

$8 + 9 = $ _____

$7 - 5 = $ _____

$3 \times 4 = $ _____

$8 / 4 = $ _____

Day 14

7 + 1 = _____

4 - 3 = _____

3 x 1 = _____

8 / 4 = _____

3 + 1 + 1 = _____

2 + 1 x 4 / 3 = _____

3 + 6 = _____

5 - 4 = _____

2 x 4 = _____

2 / 1 = _____

Day 15

5 + 4 = _____

1 - 1 = _____

1 x 3 = _____

2 / 1 = _____

1 + 4 + 8 = _____

4 + 4 x 2 / 2 = _____

7 + 9 = _____

4 - 1 = _____

3 x 1 = _____

12 / 3 = _____

Day 16

8 + 9 = _____

4 - 2 = _____

1 x 1 = _____

2 / 1 = _____

5 + 7 + 7 = _____

4 + 3 x 2 / 4 = _____

8 + 7 = _____

2 - 1 = _____

1 x 1 = _____

4 / 1 = _____

Day 17

6 + 9 = _____

3 - 2 = _____

4 x 1 = _____

6 / 3 = _____

1 + 9 + 5 = _____

1 + 2 x 4 / 1 = _____

1 + 3 = _____

8 - 7 = _____

2 x 2 = _____

2 / 1 = _____

Day 18

$7 + 3 =$ _____

$2 - 1 =$ _____

$3 \times 3 =$ _____

$6 / 3 =$ _____

$7 + 6 + 1 =$ _____

$4 + 3 \times 4 / 2 =$ _____

$3 + 4 =$ _____

$9 - 3 =$ _____

$3 \times 1 =$ _____

$1 / 1 =$ _____

Day 19

4 + 1 = _____

5 - 1 = _____

1 x 1 = _____

4 / 1 = _____

6 + 4 + 6 = _____

3 + 2 x 3 / 2 = _____

9 + 8 = _____

4 - 2 = _____

4 x 3 = _____

8 / 2 = _____

Day 20

$6 + 3 =$ _____

$9 - 5 =$ _____

$2 \times 2 =$ _____

$3 / 1 =$ _____

$3 + 7 + 1 =$ _____

$4 + 3 \times 1 / 2 =$ _____

$5 + 4 =$ _____

$5 - 3 =$ _____

$2 \times 2 =$ _____

$4 / 4 =$ _____

Day 21

$$9 + 5 = \underline{\quad}$$

$$9 - 1 = \underline{\quad}$$

$$2 \times 2 = \underline{\quad}$$

$$6 / 3 = \underline{\quad}$$

$$7 + 9 + 1 = \underline{\quad}$$

$$4 + 4 \times 2 / 3 = \underline{\quad}$$

$$8 + 5 = \underline{\quad}$$

$$6 - 5 = \underline{\quad}$$

$$2 \times 4 = \underline{\quad}$$

$$8 / 2 = \underline{\quad}$$

Day 22

$9 + 8 = $ _____

$4 - 3 = $ _____

$1 \times 1 = $ _____

$16 / 4 = $ _____

$6 + 6 + 1 = $ _____

$4 + 1 \times 3 / 2 = $ _____

$6 + 3 = $ _____

$6 - 3 = $ _____

$2 \times 4 = $ _____

$2 / 2 = $ _____

Day 23

$$6 + 1 = \underline{\hspace{2cm}}$$

$$7 - 5 = \underline{\hspace{2cm}}$$

$$1 \times 4 = \underline{\hspace{2cm}}$$

$$6 / 2 = \underline{\hspace{2cm}}$$

$$4 + 6 + 6 = \underline{\hspace{2cm}}$$

$$1 + 1 \times 1 / 2 = \underline{\hspace{2cm}}$$

$$5 + 1 = \underline{\hspace{2cm}}$$

$$8 - 7 = \underline{\hspace{2cm}}$$

$$2 \times 2 = \underline{\hspace{2cm}}$$

$$8 / 4 = \underline{\hspace{2cm}}$$

Day 24

$5 + 3 =$ _____

$2 - 1 =$ _____

$3 \times 3 =$ _____

$2 / 2 =$ _____

$1 + 4 + 7 =$ _____

$4 + 4 \times 2 / 2 =$ _____

$6 + 2 =$ _____

$2 - 1 =$ _____

$3 \times 2 =$ _____

$4 / 2 =$ _____

Day 25

$$2 + 6 = \underline{\hspace{2cm}}$$

$$8 - 1 = \underline{\hspace{2cm}}$$

$$2 \times 3 = \underline{\hspace{2cm}}$$

$$4 / 4 = \underline{\hspace{2cm}}$$

$$7 + 8 + 7 = \underline{\hspace{2cm}}$$

$$1 + 2 \times 1 / 4 = \underline{\hspace{2cm}}$$

$$8 + 9 = \underline{\hspace{2cm}}$$

$$9 - 5 = \underline{\hspace{2cm}}$$

$$2 \times 3 = \underline{\hspace{2cm}}$$

$$2 / 2 = \underline{\hspace{2cm}}$$

Day 26

6 + 2 = _____

6 - 2 = _____

4 x 2 = _____

2 / 2 = _____

1 + 1 + 8 = _____

1 + 2 x 4 / 3 = _____

1 + 5 = _____

2 - 1 = _____

1 x 4 = _____

1 / 1 = _____

Day 27

1 + 5 = _____

4 - 1 = _____

1 x 3 = _____

4 / 4 = _____

9 + 7 + 4 = _____

2 + 4 x 4 / 2 = _____

2 + 7 = _____

3 - 2 = _____

3 x 1 = _____

3 / 3 = _____

Day 28

3 + 1 = _____

4 - 3 = _____

1 x 2 = _____

2 / 1 = _____

3 + 4 + 2 = _____

3 + 3 x 2 / 1 = _____

4 + 4 = _____

3 - 1 = _____

4 x 2 = _____

3 / 1 = _____

Day 29

$6 + 3 =$ _____

$2 - 1 =$ _____

$3 \times 3 =$ _____

$3 / 1 =$ _____

$8 + 4 + 4 =$ _____

$1 + 1 \times 3 / 4 =$ _____

$7 + 7 =$ _____

$7 - 2 =$ _____

$1 \times 4 =$ _____

$6 / 3 =$ _____

Day 30

$5 + 8 =$ _____

$7 - 6 =$ _____

$2 \times 2 =$ _____

$4 / 1 =$ _____

$8 + 2 + 5 =$ _____

$4 + 3 \times 4 / 2 =$ _____

$5 + 7 =$ _____

$2 - 1 =$ _____

$2 \times 1 =$ _____

$2 / 2 =$ _____

Day 31

8 + 7 = _____

6 - 3 = _____

2 x 1 = _____

1 / 1 = _____

7 + 9 + 9 = _____

3 + 1 x 4 / 4 = _____

7 + 2 = _____

6 - 4 = _____

3 x 4 = _____

12 / 3 = _____

Day 32

$1 + 7 =$ _____

$4 - 1 =$ _____

$3 \times 4 =$ _____

$8 / 4 =$ _____

$2 + 3 + 6 =$ _____

$4 + 1 \times 4 / 3 =$ _____

$9 + 6 =$ _____

$7 - 1 =$ _____

$4 \times 4 =$ _____

$8 / 4 =$ _____

Day 33

$2 + 5 =$ _____

$9 - 3 =$ _____

$3 \times 3 =$ _____

$9 / 3 =$ _____

$3 + 1 + 8 =$ _____

$3 + 4 \times 4 / 4 =$ _____

$4 + 2 =$ _____

$7 - 3 =$ _____

$3 \times 2 =$ _____

$3 / 3 =$ _____

Day 34

5 + 1 = _____

5 - 4 = _____

4 x 4 = _____

16 / 4 = _____

1 + 3 + 5 = _____

2 + 3 x 3 / 3 = _____

3 + 8 = _____

7 - 4 = _____

2 x 4 = _____

2 / 2 = _____

Day 35

$$9 + 9 = \underline{\qquad}$$

$$7 - 3 = \underline{\qquad}$$

$$1 \times 1 = \underline{\qquad}$$

$$2 / 2 = \underline{\qquad}$$

$$9 + 6 + 5 = \underline{\qquad}$$

$$2 + 2 \times 1 / 4 = \underline{\qquad}$$

$$6 + 7 = \underline{\qquad}$$

$$5 - 1 = \underline{\qquad}$$

$$4 \times 1 = \underline{\qquad}$$

$$6 / 2 = \underline{\qquad}$$

Day 36

$3 + 7 = $ _____

$6 - 3 = $ _____

$3 \times 1 = $ _____

$8 / 4 = $ _____

$2 + 2 + 7 = $ _____

$3 + 4 \times 1 / 3 = $ _____

$7 + 8 = $ _____

$6 - 2 = $ _____

$3 \times 3 = $ _____

$2 / 1 = $ _____

Day 37

$2 + 1 = $ _____

$9 - 1 = $ _____

$4 \times 4 = $ _____

$6 / 3 = $ _____

$1 + 6 + 3 = $ _____

$2 + 3 \times 2 / 3 = $ _____

$7 + 1 = $ _____

$1 - 1 = $ _____

$2 \times 1 = $ _____

$9 / 3 = $ _____

Day 38

1 + 4 = _____

3 - 2 = _____

2 x 2 = _____

12 / 4 = _____

9 + 1 + 5 = _____

2 + 2 x 3 / 4 = _____

9 + 5 = _____

5 - 3 = _____

3 x 1 = _____

8 / 2 = _____

Day 39

$$9 + 3 = \underline{\qquad}$$

$$3 - 2 = \underline{\qquad}$$

$$1 \times 2 = \underline{\qquad}$$

$$8 / 2 = \underline{\qquad}$$

$$1 + 6 + 4 = \underline{\qquad}$$

$$4 + 4 \times 3 / 4 = \underline{\qquad}$$

$$4 + 2 = \underline{\qquad}$$

$$1 - 1 = \underline{\qquad}$$

$$2 \times 2 = \underline{\qquad}$$

$$1 / 1 = \underline{\qquad}$$

Day 40

1 + 1 = _____

1 - 1 = _____

4 x 4 = _____

8 / 2 = _____

6 + 6 + 6 = _____

2 + 3 x 1 / 2 = _____

7 + 3 = _____

6 - 1 = _____

2 x 4 = _____

4 / 1 = _____

Day 41

2 + 4 = _____

6 - 1 = _____

3 x 3 = _____

1 / 1 = _____

4 + 7 + 2 = _____

1 + 4 x 1 / 2 = _____

5 + 2 = _____

6 - 4 = _____

4 x 1 = _____

1 / 1 = _____

Day 42

$$4 + 3 = \underline{\hspace{2cm}}$$

$$7 - 3 = \underline{\hspace{2cm}}$$

$$3 \times 3 = \underline{\hspace{2cm}}$$

$$4 / 1 = \underline{\hspace{2cm}}$$

$$4 + 9 + 2 = \underline{\hspace{2cm}}$$

$$4 + 3 \times 1 / 3 = \underline{\hspace{2cm}}$$

$$9 + 2 = \underline{\hspace{2cm}}$$

$$4 - 2 = \underline{\hspace{2cm}}$$

$$1 \times 3 = \underline{\hspace{2cm}}$$

$$8 / 2 = \underline{\hspace{2cm}}$$

Day 43

$6 + 5 =$ _____

$8 - 1 =$ _____

$1 \times 3 =$ _____

$8 / 4 =$ _____

$7 + 9 + 2 =$ _____

$1 + 4 \times 4 / 2 =$ _____

$6 + 4 =$ _____

$2 - 1 =$ _____

$4 \times 1 =$ _____

$6 / 3 =$ _____

Day 44

7 + 3 = _____

5 - 3 = _____

3 x 2 = _____

12 / 3 = _____

6 + 1 + 3 = _____

1 + 4 x 3 / 3 = _____

2 + 1 = _____

4 - 3 = _____

2 x 4 = _____

3 / 3 = _____

Day 45

7 + 2 = _____

9 - 7 = _____

1 x 1 = _____

9 / 3 = _____

8 + 9 + 3 = _____

1 + 4 x 2 / 1 = _____

4 + 9 = _____

2 - 1 = _____

3 x 1 = _____

9 / 3 = _____

Day 46

4 + 8 = _____

8 - 7 = _____

4 x 2 = _____

4 / 2 = _____

4 + 2 + 2 = _____

4 + 2 x 3 / 3 = _____

5 + 8 = _____

9 - 4 = _____

2 x 1 = _____

9 / 3 = _____

Day 47

$7 + 7 =$ _____

$1 - 1 =$ _____

$4 \times 1 =$ _____

$16 / 4 =$ _____

$1 + 2 + 5 =$ _____

$2 + 4 \times 2 / 1 =$ _____

$8 + 2 =$ _____

$4 - 2 =$ _____

$4 \times 1 =$ _____

$9 / 3 =$ _____

Day 48

$6 + 8 =$ ____

$4 - 3 =$ ____

$1 \times 3 =$ ____

$3 / 3 =$ ____

$5 + 8 + 3 =$ ____

$1 + 2 \times 4 / 3 =$ ____

$7 + 1 =$ ____

$5 - 2 =$ ____

$1 \times 3 =$ ____

$4 / 4 =$ ____

Day 49

6 + 2 = _____

7 - 1 = _____

2 x 1 = _____

6 / 2 = _____

5 + 1 + 9 = _____

2 + 1 x 2 / 3 = _____

7 + 3 = _____

5 - 1 = _____

4 x 3 = _____

3 / 3 = _____

Day 50

$$8 + 1 = \rule{2cm}{0.4pt}$$

$$6 - 4 = \rule{2cm}{0.4pt}$$

$$3 \times 2 = \rule{2cm}{0.4pt}$$

$$12 / 4 = \rule{2cm}{0.4pt}$$

$$2 + 6 + 6 = \rule{2cm}{0.4pt}$$

$$4 + 3 \times 2 / 3 = \rule{2cm}{0.4pt}$$

$$3 + 9 = \rule{2cm}{0.4pt}$$

$$1 - 1 = \rule{2cm}{0.4pt}$$

$$3 \times 4 = \rule{2cm}{0.4pt}$$

$$4 / 2 = \rule{2cm}{0.4pt}$$

Day 51

$4 + 3 =$ _____

$6 - 4 =$ _____

$1 \times 3 =$ _____

$8 / 2 =$ _____

$5 + 9 + 9 =$ _____

$4 + 4 \times 3 / 2 =$ _____

$9 + 2 =$ _____

$8 - 4 =$ _____

$4 \times 4 =$ _____

$9 / 3 =$ _____

Day 52

9 + 3 = _____

6 - 1 = _____

1 x 4 = _____

8 / 2 = _____

2 + 6 + 7 = _____

2 + 2 x 4 / 3 = _____

7 + 8 = _____

7 - 4 = _____

1 x 4 = _____

9 / 3 = _____

Day 53

6 + 6 = _____

5 - 1 = _____

1 x 4 = _____

4 / 2 = _____

4 + 8 + 6 = _____

3 + 2 x 2 / 2 = _____

3 + 1 = _____

1 - 1 = _____

3 x 2 = _____

2 / 1 = _____

Day 54

1 + 9 = _____

4 - 1 = _____

3 x 1 = _____

4 / 2 = _____

8 + 4 + 7 = _____

1 + 3 x 3 / 4 = _____

4 + 9 = _____

8 - 1 = _____

2 x 2 = _____

8 / 4 = _____

Day 55

3 + 4 = _____

4 - 2 = _____

3 x 4 = _____

16 / 4 = _____

3 + 4 + 2 = _____

3 + 1 x 3 / 4 = _____

7 + 4 = _____

1 - 1 = _____

4 x 1 = _____

6 / 3 = _____

Day 56

$9 + 6 =$ _____

$3 - 2 =$ _____

$1 \times 4 =$ _____

$4 / 1 =$ _____

$9 + 3 + 6 =$ _____

$1 + 3 \times 2 / 3 =$ _____

$7 + 5 =$ _____

$9 - 5 =$ _____

$2 \times 3 =$ _____

$2 / 2 =$ _____

Day 57

$7 + 8 =$ _____

$1 - 1 =$ _____

$3 \times 2 =$ _____

$4 / 1 =$ _____

$2 + 5 + 1 =$ _____

$2 + 4 \times 2 / 2 =$ _____

$8 + 9 =$ _____

$1 - 1 =$ _____

$2 \times 1 =$ _____

$6 / 3 =$ _____

Day 58

3 + 5 = _____

8 - 3 = _____

4 x 4 = _____

6 / 3 = _____

7 + 5 + 4 = _____

3 + 4 x 4 / 4 = _____

5 + 6 = _____

8 - 3 = _____

2 x 3 = _____

12 / 3 = _____

Day 59

$6 + 5 =$ _____

$3 - 1 =$ _____

$3 \times 2 =$ _____

$1 / 1 =$ _____

$9 + 1 + 4 =$ _____

$4 + 3 \times 4 / 4 =$ _____

$3 + 1 =$ _____

$6 - 2 =$ _____

$2 \times 4 =$ _____

$9 / 3 =$ _____

Day 60

4 + 8 = _____

9 - 5 = _____

4 x 3 = _____

4 / 4 = _____

7 + 6 + 6 = _____

2 + 4 x 3 / 3 = _____

9 + 8 = _____

7 - 4 = _____

2 x 2 = _____

3 / 3 = _____

Day 61

3 + 6 = _____

6 - 3 = _____

2 x 3 = _____

4 / 2 = _____

9 + 1 + 8 = _____

4 + 2 x 3 / 4 = _____

1 + 5 = _____

1 - 1 = _____

3 x 1 = _____

12 / 4 = _____

Day 62

$1 + 6 =$ _____

$3 - 2 =$ _____

$2 \times 3 =$ _____

$2 / 2 =$ _____

$3 + 8 + 6 =$ _____

$3 + 4 \times 2 / 4 =$ _____

$5 + 5 =$ _____

$4 - 2 =$ _____

$3 \times 2 =$ _____

$4 / 1 =$ _____

Day 63

4 + 2 = _____

1 - 1 = _____

4 x 2 = _____

12 / 3 = _____

1 + 4 + 1 = _____

3 + 4 x 1 / 4 = _____

1 + 7 = _____

5 - 4 = _____

3 x 1 = _____

3 / 3 = _____

Day 64

$8 + 7 =$ _____

$6 - 3 =$ _____

$2 \times 2 =$ _____

$8 / 4 =$ _____

$3 + 1 + 8 =$ _____

$4 + 3 \times 2 / 4 =$ _____

$5 + 7 =$ _____

$6 - 5 =$ _____

$3 \times 2 =$ _____

$16 / 4 =$ _____

Day 65

$9 + 5 =$ _____

$5 - 2 =$ _____

$3 \times 1 =$ _____

$6 / 2 =$ _____

$7 + 7 + 2 =$ _____

$1 + 1 \times 2 / 4 =$ _____

$2 + 6 =$ _____

$3 - 1 =$ _____

$4 \times 3 =$ _____

$1 / 1 =$ _____

Day 66

$4 + 7 = \underline{\hspace{2cm}}$

$8 - 1 = \underline{\hspace{2cm}}$

$1 \times 4 = \underline{\hspace{2cm}}$

$1 / 1 = \underline{\hspace{2cm}}$

$7 + 9 + 9 = \underline{\hspace{2cm}}$

$3 + 1 \times 4 / 1 = \underline{\hspace{2cm}}$

$1 + 2 = \underline{\hspace{2cm}}$

$9 - 5 = \underline{\hspace{2cm}}$

$1 \times 1 = \underline{\hspace{2cm}}$

$2 / 2 = \underline{\hspace{2cm}}$

Day 67

8 + 1 = _____

8 - 4 = _____

2 x 2 = _____

2 / 2 = _____

3 + 8 + 2 = _____

1 + 3 x 4 / 1 = _____

2 + 6 = _____

6 - 4 = _____

2 x 2 = _____

4 / 1 = _____

Day 68

8 + 3 = _____

6 - 1 = _____

4 x 4 = _____

1 / 1 = _____

2 + 9 + 7 = _____

4 + 1 x 2 / 2 = _____

8 + 7 = _____

4 - 3 = _____

3 x 4 = _____

12 / 4 = _____

Day 69

$5 + 3 =$ _____

$2 - 1 =$ _____

$4 \times 2 =$ _____

$8 / 2 =$ _____

$7 + 7 + 3 =$ _____

$4 + 1 \times 3 / 1 =$ _____

$5 + 2 =$ _____

$3 - 2 =$ _____

$1 \times 1 =$ _____

$16 / 4 =$ _____

Day 70

1 + 7 = _____

2 - 1 = _____

1 x 1 = _____

4 / 2 = _____

9 + 9 + 6 = _____

1 + 4 x 3 / 1 = _____

1 + 6 = _____

8 - 7 = _____

4 x 1 = _____

6 / 3 = _____

Day 71

3 + 1 = _____

6 - 5 = _____

4 x 2 = _____

4 / 1 = _____

6 + 7 + 4 = _____

1 + 1 x 4 / 3 = _____

3 + 9 = _____

4 - 1 = _____

2 x 1 = _____

9 / 3 = _____

Day 72

$3 + 8 =$ _____

$1 - 1 =$ _____

$1 \times 1 =$ _____

$4 / 1 =$ _____

$7 + 3 + 3 =$ _____

$4 + 3 \times 2 / 1 =$ _____

$6 + 1 =$ _____

$8 - 1 =$ _____

$1 \times 2 =$ _____

$9 / 3 =$ _____

Day 73

$$1 + 3 = \underline{\hspace{2cm}}$$

$$8 - 4 = \underline{\hspace{2cm}}$$

$$1 \times 3 = \underline{\hspace{2cm}}$$

$$8 / 4 = \underline{\hspace{2cm}}$$

$$4 + 7 + 4 = \underline{\hspace{2cm}}$$

$$2 + 1 \times 3 / 1 = \underline{\hspace{2cm}}$$

$$1 + 7 = \underline{\hspace{2cm}}$$

$$4 - 3 = \underline{\hspace{2cm}}$$

$$3 \times 4 = \underline{\hspace{2cm}}$$

$$12 / 3 = \underline{\hspace{2cm}}$$

Day 74

1 + 8 = _____

8 - 6 = _____

2 x 3 = _____

12 / 4 = _____

3 + 7 + 4 = _____

1 + 4 x 1 / 3 = _____

2 + 3 = _____

8 - 1 = _____

4 x 1 = _____

2 / 2 = _____

Day 75

$1 + 9 =$ _____

$8 - 6 =$ _____

$2 \times 3 =$ _____

$8 / 2 =$ _____

$7 + 3 + 3 =$ _____

$4 + 3 \times 1 / 3 =$ _____

$6 + 7 =$ _____

$5 - 1 =$ _____

$1 \times 3 =$ _____

$9 / 3 =$ _____

Day 76

4 + 8 = _____

1 - 1 = _____

3 x 4 = _____

16 / 4 = _____

8 + 7 + 8 = _____

3 + 4 x 2 / 4 = _____

6 + 9 = _____

9 - 8 = _____

3 x 3 = _____

6 / 3 = _____

Day 77

$9 + 9 =$ _____

$5 - 2 =$ _____

$2 \times 2 =$ _____

$4 / 4 =$ _____

$5 + 4 + 3 =$ _____

$2 + 4 \times 2 / 2 =$ _____

$7 + 9 =$ _____

$9 - 5 =$ _____

$2 \times 1 =$ _____

$12 / 4 =$ _____

Day 78

7 + 1 = _____

8 - 7 = _____

1 x 1 = _____

3 / 3 = _____

9 + 8 + 4 = _____

1 + 2 x 1 / 3 = _____

5 + 4 = _____

9 - 4 = _____

2 x 2 = _____

3 / 3 = _____

Day 79

$8 + 3 =$ _____

$6 - 2 =$ _____

$4 \times 4 =$ _____

$1 / 1 =$ _____

$2 + 2 + 4 =$ _____

$4 + 1 \times 2 / 3 =$ _____

$6 + 1 =$ _____

$8 - 3 =$ _____

$2 \times 3 =$ _____

$3 / 3 =$ _____

Day 80

9 + 5 = _____

5 - 2 = _____

1 x 2 = _____

9 / 3 = _____

3 + 1 + 1 = _____

1 + 3 x 3 / 4 = _____

8 + 3 = _____

8 - 5 = _____

1 x 4 = _____

8 / 4 = _____

Day 81

3 + 1 = _____

8 - 3 = _____

2 x 3 = _____

8 / 4 = _____

4 + 3 + 1 = _____

3 + 3 x 2 / 2 = _____

1 + 6 = _____

5 - 3 = _____

1 x 4 = _____

2 / 1 = _____

Day 82

$9 + 1 =$ _____

$1 - 1 =$ _____

$1 \times 3 =$ _____

$8 / 4 =$ _____

$3 + 9 + 2 =$ _____

$1 + 2 \times 2 / 1 =$ _____

$2 + 1 =$ _____

$4 - 2 =$ _____

$3 \times 3 =$ _____

$12 / 3 =$ _____

Day 83

$3 + 3 = $ _____

$9 - 7 = $ _____

$1 \times 3 = $ _____

$8 / 2 = $ _____

$6 + 2 + 6 = $ _____

$4 + 2 \times 2 / 3 = $ _____

$7 + 9 = $ _____

$4 - 1 = $ _____

$3 \times 3 = $ _____

$4 / 2 = $ _____

Day 84

9 + 7 = _____

5 - 2 = _____

3 x 4 = _____

3 / 1 = _____

7 + 3 + 1 = _____

4 + 3 x 1 / 3 = _____

9 + 6 = _____

9 - 1 = _____

3 x 4 = _____

8 / 4 = _____

Day 85

$8 + 8 =$ _____

$5 - 3 =$ _____

$3 \times 2 =$ _____

$12 / 3 =$ _____

$2 + 8 + 9 =$ _____

$1 + 1 \times 3 / 2 =$ _____

$7 + 1 =$ _____

$5 - 3 =$ _____

$4 \times 3 =$ _____

$3 / 1 =$ _____

Day 86

8 + 5 = _____

2 - 1 = _____

2 x 4 = _____

12 / 3 = _____

4 + 1 + 2 = _____

3 + 2 x 1 / 1 = _____

4 + 3 = _____

1 - 1 = _____

4 x 4 = _____

3 / 3 = _____

Day 87

6 + 4 = _____

2 - 1 = _____

1 x 1 = _____

8 / 2 = _____

9 + 6 + 3 = _____

3 + 1 x 3 / 4 = _____

2 + 1 = _____

6 - 5 = _____

3 x 4 = _____

16 / 4 = _____

Day 88

$9 + 6 =$ _____

$9 - 1 =$ _____

$2 \times 4 =$ _____

$2 / 1 =$ _____

$6 + 2 + 2 =$ _____

$3 + 1 \times 2 / 3 =$ _____

$6 + 7 =$ _____

$1 - 1 =$ _____

$1 \times 1 =$ _____

$2 / 1 =$ _____

Day 89

$9 + 8 =$ _____

$4 - 3 =$ _____

$2 \times 2 =$ _____

$1 / 1 =$ _____

$3 + 7 + 5 =$ _____

$1 + 3 \times 1 / 1 =$ _____

$9 + 2 =$ _____

$8 - 3 =$ _____

$3 \times 2 =$ _____

$4 / 4 =$ _____

Day 90

$8 + 9 =$ _____

$5 - 4 =$ _____

$2 \times 3 =$ _____

$12 / 4 =$ _____

$8 + 7 + 2 =$ _____

$1 + 2 \times 1 / 4 =$ _____

$6 + 9 =$ _____

$6 - 1 =$ _____

$4 \times 4 =$ _____

$2 / 2 =$ _____

Day 91

1 + 4 = _____

6 - 1 = _____

4 x 2 = _____

9 / 3 = _____

9 + 9 + 7 = _____

3 + 4 x 4 / 2 = _____

7 + 6 = _____

5 - 1 = _____

3 x 2 = _____

2 / 2 = _____

Day 92

$8 + 8 =$ _____

$2 - 1 =$ _____

$2 \times 1 =$ _____

$2 / 2 =$ _____

$3 + 4 + 7 =$ _____

$2 + 3 \times 3 / 2 =$ _____

$8 + 3 =$ _____

$2 - 1 =$ _____

$1 \times 1 =$ _____

$9 / 3 =$ _____

Day 93

$1 + 7 =$ _____

$6 - 5 =$ _____

$2 \times 2 =$ _____

$12 / 3 =$ _____

$8 + 7 + 3 =$ _____

$4 + 2 \times 4 / 1 =$ _____

$3 + 5 =$ _____

$5 - 4 =$ _____

$2 \times 1 =$ _____

$3 / 1 =$ _____

Day 94

$7 + 1 =$ _____

$2 - 1 =$ _____

$3 \times 2 =$ _____

$1 / 1 =$ _____

$1 + 3 + 3 =$ _____

$1 + 3 \times 3 / 1 =$ _____

$1 + 7 =$ _____

$6 - 3 =$ _____

$4 \times 3 =$ _____

$8 / 2 =$ _____

Day 95

$1 + 9 = $ _____

$2 - 1 = $ _____

$3 \times 3 = $ _____

$2 / 2 = $ _____

$4 + 8 + 2 = $ _____

$4 + 4 \times 1 / 3 = $ _____

$9 + 4 = $ _____

$6 - 4 = $ _____

$2 \times 3 = $ _____

$12 / 4 = $ _____

Day 96

$6 + 6 =$ _____

$3 - 2 =$ _____

$1 \times 4 =$ _____

$6 / 3 =$ _____

$9 + 5 + 1 =$ _____

$1 + 4 \times 3 / 3 =$ _____

$5 + 5 =$ _____

$8 - 1 =$ _____

$4 \times 2 =$ _____

$8 / 2 =$ _____

Day 97

$4 + 7 =$ _____

$2 - 1 =$ _____

$1 \times 2 =$ _____

$16 / 4 =$ _____

$4 + 2 + 4 =$ _____

$3 + 2 \times 2 / 1 =$ _____

$2 + 4 =$ _____

$8 - 4 =$ _____

$1 \times 2 =$ _____

$3 / 3 =$ _____

Day 98

$8 + 4 =$ _____

$8 - 2 =$ _____

$1 \times 2 =$ _____

$3 / 3 =$ _____

$3 + 2 + 7 =$ _____

$4 + 3 \times 4 / 1 =$ _____

$4 + 1 =$ _____

$9 - 5 =$ _____

$3 \times 4 =$ _____

$8 / 2 =$ _____

Day 99

2 + 2 = _____

3 - 2 = _____

3 x 1 = _____

8 / 4 = _____

5 + 7 + 6 = _____

2 + 2 x 2 / 1 = _____

8 + 5 = _____

8 - 1 = _____

1 x 2 = _____

6 / 3 = _____

Day 100

$4 + 3 =$ _____

$3 - 1 =$ _____

$2 \times 1 =$ _____

$16 / 4 =$ _____

$2 + 4 + 5 =$ _____

$3 + 1 \times 4 / 4 =$ _____

$8 + 1 =$ _____

$4 - 3 =$ _____

$1 \times 2 =$ _____

$3 / 1 =$ _____

Day 101

17 + 4 = _____

18 - 4 = _____

9 x 8 = _____

36 / 9 = _____

10 + 12 + 14 = _____

9 + 3 x 4 / 7 = _____

9 + 3 = _____

13 - 9 = _____

5 x 8 = _____

48 / 8 = _____

Day 102

$2 + 18 =$ _____

$13 - 12 =$ _____

$1 \times 6 =$ _____

$24 / 6 =$ _____

$4 + 6 + 14 =$ _____

$4 + 2 \times 5 / 9 =$ _____

$17 + 3 =$ _____

$6 - 1 =$ _____

$9 \times 1 =$ _____

$36 / 4 =$ _____

Day 103

$11 + 9 =$ _____

$7 - 6 =$ _____

$7 \times 6 =$ _____

$42 / 6 =$ _____

$14 + 2 + 12 =$ _____

$8 + 3 \times 4 / 8 =$ _____

$17 + 15 =$ _____

$18 - 4 =$ _____

$5 \times 6 =$ _____

$6 / 6 =$ _____

Day 104

10 + 19 = _____

3 - 2 = _____

6 x 2 = _____

64 / 8 = _____

9 + 15 + 18 = _____

1 + 5 x 7 / 6 = _____

16 + 16 = _____

12 - 7 = _____

9 x 3 = _____

36 / 6 = _____

Day 105

13 + 10 = _____

5 - 2 = _____

4 x 1 = _____

72 / 9 = _____

8 + 18 + 9 = _____

8 + 1 x 6 / 7 = _____

1 + 10 = _____

18 - 5 = _____

2 x 1 = _____

12 / 4 = _____

Day 106

7 + 3 = _____

3 - 1 = _____

4 x 9 = _____

54 / 9 = _____

15 + 18 + 7 = _____

5 + 3 x 3 / 7 = _____

9 + 16 = _____

11 - 10 = _____

5 x 2 = _____

8 / 1 = _____

Day 107

12 + 4 = _____

2 - 1 = _____

2 x 1 = _____

4 / 1 = _____

11 + 6 + 6 = _____

9 + 3 x 3 / 9 = _____

11 + 18 = _____

8 - 3 = _____

6 x 9 = _____

14 / 7 = _____

Day 108

$10 + 13 = $ _____

$14 - 6 = $ _____

$5 \times 6 = $ _____

$16 / 2 = $ _____

$3 + 5 + 6 = $ _____

$5 + 9 \times 3 / 3 = $ _____

$17 + 11 = $ _____

$15 - 8 = $ _____

$8 \times 2 = $ _____

$4 / 1 = $ _____

Day 109

$10 + 5 =$ _____

$17 - 1 =$ _____

$9 \times 2 =$ _____

$40 / 8 =$ _____

$18 + 18 + 2 =$ _____

$6 + 9 \times 4 / 6 =$ _____

$11 + 16 =$ _____

$7 - 3 =$ _____

$2 \times 7 =$ _____

$63 / 9 =$ _____

Day 110

$1 + 5 =$ _____

$12 - 6 =$ _____

$8 \times 9 =$ _____

$40 / 5 =$ _____

$18 + 10 + 5 =$ _____

$3 + 3 \times 6 / 6 =$ _____

$4 + 15 =$ _____

$6 - 4 =$ _____

$4 \times 5 =$ _____

$56 / 8 =$ _____

Day 111

$8 + 10 =$ _____

$18 - 4 =$ _____

$7 \times 4 =$ _____

$64 / 8 =$ _____

$15 + 10 + 9 =$ _____

$8 + 8 \times 4 / 6 =$ _____

$1 + 11 =$ _____

$9 - 1 =$ _____

$2 \times 1 =$ _____

$14 / 7 =$ _____

Day 112

8 + 19 = _____

5 - 1 = _____

6 x 8 = _____

48 / 8 = _____

4 + 4 + 10 = _____

2 + 1 x 8 / 7 = _____

15 + 9 = _____

3 - 2 = _____

5 x 7 = _____

49 / 7 = _____

Day 113

$15 + 16 =$ _____

$3 - 1 =$ _____

$3 \times 9 =$ _____

$35 / 5 =$ _____

$13 + 14 + 7 =$ _____

$5 + 2 \times 5 / 3 =$ _____

$4 + 19 =$ _____

$17 - 15 =$ _____

$3 \times 6 =$ _____

$6 / 3 =$ _____

Day 114

11 + 3 = _____

16 - 11 = _____

6 x 9 = _____

8 / 4 = _____

9 + 12 + 5 = _____

4 + 4 x 5 / 6 = _____

13 + 13 = _____

14 - 6 = _____

8 x 5 = _____

28 / 7 = _____

Day 115

$10 + 5 =$ _____

$4 - 3 =$ _____

$6 \times 6 =$ _____

$35 / 7 =$ _____

$2 + 10 + 12 =$ _____

$6 + 2 \times 5 / 3 =$ _____

$17 + 15 =$ _____

$5 - 3 =$ _____

$8 \times 9 =$ _____

$9 / 9 =$ _____

Day 116

18 + 13 = _____

8 - 2 = _____

3 x 6 = _____

10 / 2 = _____

13 + 17 + 15 = _____

3 + 4 x 5 / 1 = _____

15 + 11 = _____

13 - 2 = _____

1 x 9 = _____

63 / 7 = _____

Day 117

9 + 4 = _____

8 - 6 = _____

7 x 6 = _____

72 / 9 = _____

10 + 10 + 4 = _____

3 + 3 x 3 / 4 = _____

10 + 18 = _____

17 - 1 = _____

9 x 7 = _____

8 / 4 = _____

Day 118

16 + 9 = _____

15 - 7 = _____

9 x 2 = _____

56 / 7 = _____

3 + 4 + 15 = _____

9 + 1 x 8 / 7 = _____

11 + 17 = _____

13 - 12 = _____

3 x 8 = _____

6 / 3 = _____

Day 119

$14 + 10 = $ ____

$4 - 1 = $ ____

$3 \times 3 = $ ____

$63 / 9 = $ ____

$4 + 2 + 1 = $ ____

$6 + 4 \times 9 / 1 = $ ____

$1 + 14 = $ ____

$14 - 9 = $ ____

$1 \times 1 = $ ____

$15 / 5 = $ ____

Day 120

7 + 13 = _____

3 - 1 = _____

2 x 3 = _____

7 / 7 = _____

8 + 11 + 5 = _____

1 + 9 x 8 / 9 = _____

11 + 13 = _____

4 - 2 = _____

6 x 8 = _____

3 / 1 = _____

Day 121

$8 + 12 =$ _____

$15 - 10 =$ _____

$3 \times 6 =$ _____

$4 / 2 =$ _____

$3 + 4 + 4 =$ _____

$8 + 5 \times 1 / 8 =$ _____

$16 + 10 =$ _____

$9 - 1 =$ _____

$6 \times 1 =$ _____

$16 / 2 =$ _____

Day 122

3 + 5 = _____

14 - 3 = _____

9 x 8 = _____

54 / 6 = _____

10 + 7 + 8 = _____

7 + 7 x 4 / 6 = _____

9 + 10 = _____

5 - 2 = _____

1 x 9 = _____

72 / 8 = _____

Day 123

9 + 9 = _____

15 - 6 = _____

9 x 2 = _____

32 / 8 = _____

4 + 5 + 15 = _____

6 + 4 x 6 / 4 = _____

4 + 6 = _____

11 - 3 = _____

7 x 5 = _____

6 / 2 = _____

Day 124

$3 + 9 =$ _____

$16 - 1 =$ _____

$5 \times 4 =$ _____

$7 / 7 =$ _____

$19 + 6 + 6 =$ _____

$3 + 7 \times 2 / 5 =$ _____

$13 + 16 =$ _____

$13 - 12 =$ _____

$2 \times 5 =$ _____

$63 / 9 =$ _____

Day 125

$5 + 16 =$ ____

$3 - 1 =$ ____

$1 \times 5 =$ ____

$14 / 7 =$ ____

$9 + 6 + 3 =$ ____

$6 + 9 \times 2 / 2 =$ ____

$7 + 18 =$ ____

$10 - 2 =$ ____

$7 \times 4 =$ ____

$8 / 2 =$ ____

Day 126

$13 + 1 =$ _____

$16 - 14 =$ _____

$4 \times 1 =$ _____

$45 / 5 =$ _____

$15 + 4 + 15 =$ _____

$6 + 2 \times 4 / 4 =$ _____

$12 + 11 =$ _____

$6 - 1 =$ _____

$8 \times 9 =$ _____

$30 / 6 =$ _____

Day 127

11 + 11 = _____

13 - 4 = _____

1 x 7 = _____

8 / 4 = _____

7 + 3 + 10 = _____

5 + 1 x 3 / 6 = _____

6 + 3 = _____

18 - 5 = _____

4 x 5 = _____

10 / 2 = _____

Day 128

19 + 1 = _____

10 - 8 = _____

6 x 5 = _____

6 / 2 = _____

7 + 2 + 9 = _____

3 + 3 x 7 / 7 = _____

9 + 6 = _____

9 - 8 = _____

5 x 5 = _____

56 / 7 = _____

Day 129

$8 + 8 =$ _____

$17 - 1 =$ _____

$1 \times 9 =$ _____

$14 / 7 =$ _____

$2 + 8 + 1 =$ _____

$7 + 3 \times 6 / 8 =$ _____

$14 + 14 =$ _____

$3 - 2 =$ _____

$2 \times 5 =$ _____

$54 / 6 =$ _____

Day 130

7 + 11 = _____

8 - 4 = _____

9 x 9 = _____

35 / 5 = _____

2 + 5 + 4 = _____

2 + 5 x 7 / 5 = _____

4 + 8 = _____

13 - 11 = _____

4 x 9 = _____

27 / 3 = _____

Day 131

$8 + 17 =$ _____

$10 - 7 =$ _____

$3 \times 4 =$ _____

$36 / 6 =$ _____

$8 + 16 + 9 =$ _____

$5 + 4 \times 6 / 4 =$ _____

$14 + 6 =$ _____

$12 - 8 =$ _____

$9 \times 5 =$ _____

$10 / 2 =$ _____

Day 132

7 + 18 = _____

5 - 4 = _____

5 x 5 = _____

12 / 6 = _____

1 + 1 + 12 = _____

9 + 6 x 5 / 3 = _____

4 + 7 = _____

9 - 6 = _____

8 x 3 = _____

3 / 1 = _____

Day 133

1 + 11 = _____

19 - 18 = _____

6 x 7 = _____

8 / 2 = _____

10 + 6 + 8 = _____

2 + 7 x 1 / 4 = _____

3 + 3 = _____

15 - 9 = _____

4 x 5 = _____

48 / 8 = _____

Day 134

14 + 5 = _____

1 - 1 = _____

3 x 5 = _____

24 / 8 = _____

4 + 6 + 14 = _____

2 + 4 x 5 / 5 = _____

1 + 9 = _____

17 - 12 = _____

1 x 7 = _____

12 / 3 = _____

Day 135

$9 + 4 =$ _____

$19 - 6 =$ _____

$5 \times 1 =$ _____

$42 / 7 =$ _____

$15 + 4 + 17 =$ _____

$3 + 7 \times 5 / 3 =$ _____

$17 + 16 =$ _____

$14 - 13 =$ _____

$2 \times 8 =$ _____

$8 / 1 =$ _____

Day 136

$19 + 14 =$ _____

$13 - 10 =$ _____

$2 \times 6 =$ _____

$56 / 8 =$ _____

$19 + 9 + 17 =$ _____

$6 + 3 \times 4 / 2 =$ _____

$6 + 6 =$ _____

$9 - 6 =$ _____

$9 \times 1 =$ _____

$10 / 5 =$ _____

Day 137

15 + 10 = _____

4 - 3 = _____

8 x 4 = _____

7 / 7 = _____

10 + 8 + 7 = _____

1 + 6 x 9 / 3 = _____

11 + 1 = _____

19 - 8 = _____

9 x 8 = _____

72 / 8 = _____

Day 138

$1 + 11 = $ _____

$12 - 5 = $ _____

$7 \times 7 = $ _____

$4 / 2 = $ _____

$16 + 9 + 10 = $ _____

$8 + 3 \times 9 / 6 = $ _____

$18 + 7 = $ _____

$5 - 2 = $ _____

$4 \times 2 = $ _____

$32 / 8 = $ _____

Day 139

$12 + 8 =$ _____

$1 - 1 =$ _____

$6 \times 9 =$ _____

$36 / 6 =$ _____

$8 + 17 + 11 =$ _____

$2 + 4 \times 3 / 9 =$ _____

$19 + 6 =$ _____

$7 - 2 =$ _____

$6 \times 6 =$ _____

$2 / 2 =$ _____

Day 140

$1 + 11 =$ _____

$9 - 1 =$ _____

$1 \times 7 =$ _____

$20 / 4 =$ _____

$14 + 3 + 4 =$ _____

$9 + 1 \times 7 / 8 =$ _____

$10 + 4 =$ _____

$4 - 3 =$ _____

$1 \times 9 =$ _____

$56 / 7 =$ _____

Day 141

$4 + 13 =$ _____

$8 - 2 =$ _____

$2 \times 1 =$ _____

$27 / 9 =$ _____

$15 + 10 + 8 =$ _____

$9 + 4 \times 2 / 9 =$ _____

$10 + 18 =$ _____

$1 - 1 =$ _____

$8 \times 9 =$ _____

$9 / 3 =$ _____

Day 142

19 + 6 = _____

10 - 8 = _____

1 x 4 = _____

7 / 7 = _____

1 + 7 + 14 = _____

3 + 4 x 7 / 4 = _____

5 + 9 = _____

15 - 12 = _____

4 x 5 = _____

42 / 6 = _____

Day 143

$9 + 6 =$ _____

$6 - 4 =$ _____

$9 \times 1 =$ _____

$48 / 6 =$ _____

$17 + 18 + 8 =$ _____

$4 + 9 \times 6 / 2 =$ _____

$18 + 19 =$ _____

$2 - 1 =$ _____

$4 \times 7 =$ _____

$54 / 6 =$ _____

Day 144

$11 + 16 =$ _____

$10 - 7 =$ _____

$9 \times 1 =$ _____

$16 / 2 =$ _____

$15 + 7 + 12 =$ _____

$1 + 6 \times 7 / 7 =$ _____

$15 + 19 =$ _____

$9 - 4 =$ _____

$8 \times 4 =$ _____

$27 / 9 =$ _____

Day 145

$9 + 12 =$ _____

$5 - 4 =$ _____

$9 \times 4 =$ _____

$3 / 1 =$ _____

$1 + 16 + 7 =$ _____

$7 + 8 \times 5 / 3 =$ _____

$12 + 16 =$ _____

$15 - 2 =$ _____

$6 \times 1 =$ _____

$24 / 4 =$ _____

Day 146

$12 + 3 =$ _____

$6 - 2 =$ _____

$5 \times 9 =$ _____

$24 / 3 =$ _____

$11 + 12 + 10 =$ _____

$1 + 2 \times 7 / 3 =$ _____

$5 + 10 =$ _____

$14 - 2 =$ _____

$5 \times 2 =$ _____

$2 / 2 =$ _____

Day 147

16 + 7 = _____

14 - 11 = _____

6 x 1 = _____

9 / 3 = _____

5 + 3 + 19 = _____

6 + 7 x 6 / 1 = _____

12 + 7 = _____

16 - 1 = _____

8 x 2 = _____

16 / 4 = _____

Day 148

3 + 17 = _____

12 - 6 = _____

6 x 9 = _____

72 / 9 = _____

9 + 8 + 2 = _____

5 + 9 x 7 / 1 = _____

12 + 15 = _____

6 - 2 = _____

3 x 9 = _____

4 / 2 = _____

Day 149

11 + 12 = _____

9 - 2 = _____

7 x 7 = _____

8 / 2 = _____

18 + 9 + 17 = _____

6 + 9 x 1 / 5 = _____

13 + 8 = _____

6 - 2 = _____

5 x 3 = _____

12 / 6 = _____

Day 150

$2 + 16 = $ _____

$6 - 2 = $ _____

$3 \times 5 = $ _____

$8 / 8 = $ _____

$11 + 18 + 15 = $ _____

$1 + 9 \times 2 / 8 = $ _____

$5 + 2 = $ _____

$5 - 4 = $ _____

$2 \times 1 = $ _____

$2 / 1 = $ _____

Day 151

$2 + 11 =$ _____

$5 - 3 =$ _____

$8 \times 9 =$ _____

$36 / 6 =$ _____

$17 + 19 + 9 =$ _____

$4 + 3 \times 5 / 5 =$ _____

$19 + 18 =$ _____

$1 - 1 =$ _____

$4 \times 6 =$ _____

$27 / 3 =$ _____

Day 152

$11 + 10 =$ _____

$11 - 1 =$ _____

$3 \times 3 =$ _____

$12 / 3 =$ _____

$4 + 19 + 13 =$ _____

$2 + 6 \times 9 / 8 =$ _____

$19 + 2 =$ _____

$18 - 5 =$ _____

$8 \times 1 =$ _____

$40 / 5 =$ _____

Day 153

10 + 15 = _____

10 - 3 = _____

1 x 2 = _____

42 / 6 = _____

10 + 17 + 12 = _____

7 + 2 x 3 / 9 = _____

7 + 7 = _____

12 - 7 = _____

3 x 4 = _____

18 / 6 = _____

Day 154

$18 + 19 =$ _____

$2 - 1 =$ _____

$3 \times 4 =$ _____

$16 / 4 =$ _____

$18 + 2 + 14 =$ _____

$1 + 3 \times 7 / 1 =$ _____

$5 + 5 =$ _____

$11 - 3 =$ _____

$2 \times 3 =$ _____

$3 / 1 =$ _____

Day 155

$15 + 13 = \underline{\qquad}$

$3 - 2 = \underline{\qquad}$

$9 \times 3 = \underline{\qquad}$

$15 / 5 = \underline{\qquad}$

$9 + 17 + 9 = \underline{\qquad}$

$6 + 4 \times 9 / 2 = \underline{\qquad}$

$6 + 7 = \underline{\qquad}$

$3 - 1 = \underline{\qquad}$

$7 \times 6 = \underline{\qquad}$

$12 / 4 = \underline{\qquad}$

Day 156

13 + 13 = _____

7 - 3 = _____

4 x 7 = _____

10 / 2 = _____

19 + 17 + 13 = _____

3 + 4 x 2 / 8 = _____

9 + 3 = _____

9 - 7 = _____

3 x 2 = _____

8 / 8 = _____

Day 157

$13 + 7 = $ ____

$2 - 1 = $ ____

$9 \times 1 = $ ____

$32 / 8 = $ ____

$14 + 7 + 9 = $ ____

$5 + 9 \times 6 / 9 = $ ____

$2 + 10 = $ ____

$7 - 3 = $ ____

$5 \times 7 = $ ____

$42 / 7 = $ ____

Day 158

15 + 3 = _____

10 - 7 = _____

3 x 3 = _____

14 / 7 = _____

1 + 17 + 11 = _____

7 + 1 x 3 / 5 = _____

5 + 10 = _____

3 - 2 = _____

9 x 9 = _____

63 / 9 = _____

Day 159

18 + 16 = _____

5 - 2 = _____

4 x 8 = _____

24 / 8 = _____

8 + 19 + 14 = _____

4 + 2 x 4 / 3 = _____

11 + 2 = _____

19 - 3 = _____

4 x 6 = _____

36 / 4 = _____

Day 160

$17 + 16 =$ _____

$1 - 1 =$ _____

$8 \times 4 =$ _____

$16 / 2 =$ _____

$13 + 16 + 9 =$ _____

$6 + 8 \times 1 / 9 =$ _____

$9 + 7 =$ _____

$5 - 3 =$ _____

$2 \times 7 =$ _____

$27 / 3 =$ _____

Day 161

7 + 16 = _____

4 - 2 = _____

4 x 9 = _____

40 / 8 = _____

2 + 11 + 17 = _____

4 + 5 x 3 / 7 = _____

19 + 19 = _____

4 - 1 = _____

1 x 5 = _____

56 / 7 = _____

Day 162

8 + 9 = _____

4 - 2 = _____

8 x 2 = _____

2 / 1 = _____

5 + 11 + 17 = _____

6 + 3 x 7 / 7 = _____

15 + 16 = _____

16 - 5 = _____

4 x 1 = _____

63 / 9 = _____

Day 163

$8 + 3 =$ _____

$11 - 3 =$ _____

$6 \times 9 =$ _____

$15 / 5 =$ _____

$9 + 14 + 1 =$ _____

$8 + 2 \times 3 / 4 =$ _____

$1 + 8 =$ _____

$19 - 7 =$ _____

$6 \times 8 =$ _____

$36 / 6 =$ _____

Day 164

10 + 6 = _____

4 - 2 = _____

4 x 3 = _____

6 / 2 = _____

16 + 9 + 14 = _____

7 + 4 x 3 / 9 = _____

11 + 4 = _____

14 - 4 = _____

4 x 9 = _____

27 / 3 = _____

Day 165

12 + 11 = _____

8 - 6 = _____

9 x 4 = _____

28 / 7 = _____

18 + 15 + 9 = _____

1 + 9 x 4 / 6 = _____

4 + 19 = _____

5 - 2 = _____

2 x 4 = _____

20 / 4 = _____

Day 166

$1 + 15 =$ _____

$10 - 4 =$ _____

$2 \times 9 =$ _____

$10 / 5 =$ _____

$14 + 5 + 8 =$ _____

$5 + 8 \times 9 / 5 =$ _____

$6 + 18 =$ _____

$3 - 1 =$ _____

$8 \times 9 =$ _____

$18 / 9 =$ _____

Day 167

18 + 3 = _____

12 - 6 = _____

3 x 2 = _____

6 / 6 = _____

11 + 4 + 2 = _____

4 + 9 x 4 / 9 = _____

11 + 8 = _____

8 - 5 = _____

7 x 8 = _____

48 / 6 = _____

Day 168

14 + 5 = _____

9 - 8 = _____

5 x 1 = _____

18 / 3 = _____

10 + 1 + 11 = _____

6 + 3 x 5 / 5 = _____

5 + 1 = _____

3 - 1 = _____

8 x 4 = _____

48 / 8 = _____

Day 169

$11 + 17 =$ _____

$19 - 11 =$ _____

$7 \times 5 =$ _____

$12 / 4 =$ _____

$7 + 6 + 7 =$ _____

$8 + 3 \times 8 / 2 =$ _____

$3 + 1 =$ _____

$5 - 3 =$ _____

$6 \times 4 =$ _____

$32 / 4 =$ _____

Day 170

$13 + 1 =$ _____

$18 - 3 =$ _____

$6 \times 6 =$ _____

$49 / 7 =$ _____

$10 + 18 + 13 =$ _____

$9 + 1 \times 5 / 5 =$ _____

$11 + 3 =$ _____

$2 - 1 =$ _____

$2 \times 3 =$ _____

$54 / 9 =$ _____

Day 171

$4 + 8 =$ _____

$16 - 1 =$ _____

$2 \times 6 =$ _____

$21 / 7 =$ _____

$4 + 4 + 1 =$ _____

$3 + 6 \times 8 / 3 =$ _____

$16 + 12 =$ _____

$13 - 7 =$ _____

$8 \times 9 =$ _____

$54 / 6 =$ _____

Day 172

$2 + 12 =$ _____

$11 - 7 =$ _____

$5 \times 5 =$ _____

$10 / 5 =$ _____

$11 + 14 + 7 =$ _____

$7 + 7 \times 7 / 6 =$ _____

$12 + 3 =$ _____

$14 - 10 =$ _____

$5 \times 7 =$ _____

$2 / 1 =$ _____

Day 173

18 + 15 = _____

17 - 5 = _____

2 x 6 = _____

7 / 7 = _____

14 + 12 + 10 = _____

7 + 4 x 6 / 9 = _____

6 + 15 = _____

13 - 12 = _____

5 x 6 = _____

2 / 2 = _____

Day 174

12 + 2 = _____

19 - 1 = _____

4 x 2 = _____

4 / 2 = _____

3 + 1 + 8 = _____

6 + 9 x 6 / 2 = _____

7 + 12 = _____

16 - 10 = _____

6 x 2 = _____

2 / 2 = _____

Day 175

5 + 1 = _____

5 - 2 = _____

9 x 8 = _____

42 / 7 = _____

13 + 14 + 14 = _____

3 + 2 x 2 / 5 = _____

6 + 19 = _____

10 - 5 = _____

4 x 7 = _____

81 / 9 = _____

Day 176

19 + 14 = _____

11 - 4 = _____

4 x 6 = _____

54 / 9 = _____

18 + 8 + 1 = _____

7 + 1 x 2 / 7 = _____

5 + 6 = _____

8 - 3 = _____

7 x 9 = _____

8 / 2 = _____

Day 177

$1 + 3 =$ _____

$2 - 1 =$ _____

$6 \times 2 =$ _____

$48 / 6 =$ _____

$7 + 5 + 2 =$ _____

$3 + 7 \times 4 / 5 =$ _____

$8 + 18 =$ _____

$14 - 2 =$ _____

$8 \times 8 =$ _____

$10 / 2 =$ _____

Day 178

10 + 1 = _____

6 - 2 = _____

2 x 9 = _____

9 / 3 = _____

1 + 15 + 7 = _____

5 + 2 x 3 / 1 = _____

6 + 8 = _____

5 - 3 = _____

7 x 5 = _____

81 / 9 = _____

Day 179

18 + 16 = _____

16 - 1 = _____

5 x 1 = _____

28 / 7 = _____

10 + 17 + 13 = _____

6 + 5 x 4 / 9 = _____

10 + 16 = _____

2 - 1 = _____

1 x 5 = _____

32 / 4 = _____

Day 180

7 + 2 = _____

17 - 7 = _____

7 x 6 = _____

12 / 3 = _____

19 + 11 + 2 = _____

3 + 4 x 4 / 9 = _____

16 + 3 = _____

6 - 2 = _____

8 x 7 = _____

35 / 5 = _____

Day 181

11 + 18 = _____

10 - 7 = _____

7 x 7 = _____

45 / 5 = _____

10 + 11 + 19 = _____

5 + 9 x 6 / 7 = _____

1 + 16 = _____

4 - 2 = _____

7 x 1 = _____

5 / 5 = _____

Day 182

10 + 2 = _____

16 - 4 = _____

8 x 7 = _____

5 / 1 = _____

4 + 16 + 6 = _____

3 + 5 x 3 / 8 = _____

12 + 15 = _____

10 - 6 = _____

6 x 8 = _____

45 / 5 = _____

Day 183

$$1 + 4 = \underline{\quad\quad}$$

$$9 - 2 = \underline{\quad\quad}$$

$$6 \times 7 = \underline{\quad\quad}$$

$$24 / 3 = \underline{\quad\quad}$$

$$15 + 3 + 17 = \underline{\quad\quad}$$

$$9 + 7 \times 8 / 4 = \underline{\quad\quad}$$

$$12 + 5 = \underline{\quad\quad}$$

$$9 - 8 = \underline{\quad\quad}$$

$$7 \times 6 = \underline{\quad\quad}$$

$$18 / 6 = \underline{\quad\quad}$$

Day 184

$4 + 16 =$ _____

$1 - 1 =$ _____

$7 \times 2 =$ _____

$32 / 4 =$ _____

$6 + 1 + 4 =$ _____

$8 + 1 \times 4 / 5 =$ _____

$10 + 17 =$ _____

$18 - 17 =$ _____

$5 \times 2 =$ _____

$18 / 6 =$ _____

Day 185

$3 + 14 =$ _____

$7 - 6 =$ _____

$4 \times 2 =$ _____

$56 / 8 =$ _____

$6 + 8 + 17 =$ _____

$3 + 4 \times 6 / 1 =$ _____

$11 + 12 =$ _____

$7 - 2 =$ _____

$6 \times 9 =$ _____

$5 / 5 =$ _____

Day 186

$6 + 5 =$ _____

$14 - 13 =$ _____

$2 \times 8 =$ _____

$6 / 6 =$ _____

$3 + 10 + 11 =$ _____

$8 + 9 \times 4 / 4 =$ _____

$2 + 15 =$ _____

$10 - 4 =$ _____

$8 \times 4 =$ _____

$3 / 3 =$ _____

Day 187

1 + 18 = _____

15 - 6 = _____

4 x 2 = _____

9 / 9 = _____

6 + 12 + 12 = _____

1 + 6 x 6 / 2 = _____

13 + 17 = _____

13 - 4 = _____

7 x 8 = _____

63 / 9 = _____

Day 188

$4 + 5 =$ _____

$6 - 2 =$ _____

$5 \times 1 =$ _____

$36 / 6 =$ _____

$14 + 2 + 3 =$ _____

$7 + 9 \times 4 / 5 =$ _____

$6 + 17 =$ _____

$4 - 2 =$ _____

$3 \times 3 =$ _____

$9 / 3 =$ _____

Day 189

14 + 9 = ____

11 - 9 = ____

5 x 3 = ____

5 / 1 = ____

6 + 4 + 5 = ____

6 + 2 x 1 / 9 = ____

10 + 1 = ____

14 - 1 = ____

8 x 9 = ____

45 / 5 = ____

Day 190

4 + 6 = _____

8 - 3 = _____

4 x 5 = _____

24 / 4 = _____

9 + 18 + 18 = _____

6 + 8 x 9 / 3 = _____

3 + 8 = _____

13 - 7 = _____

8 x 5 = _____

56 / 7 = _____

Day 191

7 + 4 = _____

18 - 12 = _____

4 x 6 = _____

12 / 3 = _____

7 + 4 + 10 = _____

4 + 5 x 1 / 8 = _____

13 + 19 = _____

17 - 9 = _____

8 x 7 = _____

10 / 2 = _____

Day 192

$3 + 11 =$ ____

$15 - 8 =$ ____

$6 \times 3 =$ ____

$28 / 4 =$ ____

$9 + 9 + 10 =$ ____

$1 + 2 \times 5 / 8 =$ ____

$19 + 2 =$ ____

$5 - 2 =$ ____

$6 \times 4 =$ ____

$20 / 4 =$ ____

Day 193

14 + 2 = _____

10 - 9 = _____

6 x 9 = _____

81 / 9 = _____

3 + 3 + 13 = _____

8 + 2 x 7 / 1 = _____

12 + 4 = _____

19 - 9 = _____

1 x 9 = _____

9 / 1 = _____

Day 194

$14 + 4 =$ _____

$3 - 2 =$ _____

$5 \times 6 =$ _____

$12 / 2 =$ _____

$3 + 15 + 1 =$ _____

$1 + 5 \times 2 / 3 =$ _____

$16 + 14 =$ _____

$9 - 4 =$ _____

$4 \times 9 =$ _____

$30 / 5 =$ _____

Day 195

14 + 6 = _____

1 - 1 = _____

3 x 6 = _____

27 / 9 = _____

12 + 14 + 3 = _____

7 + 7 x 5 / 1 = _____

11 + 8 = _____

18 - 10 = _____

6 x 1 = _____

7 / 1 = _____

Day 196

11 + 10 = _____

17 - 3 = _____

7 x 6 = _____

30 / 5 = _____

1 + 5 + 11 = _____

4 + 6 x 4 / 9 = _____

17 + 19 = _____

4 - 2 = _____

4 x 3 = _____

16 / 4 = _____

Day 197

11 + 7 = _____

14 - 12 = _____

1 x 5 = _____

36 / 4 = _____

13 + 12 + 13 = _____

5 + 1 x 4 / 4 = _____

3 + 13 = _____

3 - 1 = _____

1 x 5 = _____

2 / 2 = _____

Day 198

9 + 3 = _____

9 - 1 = _____

5 x 4 = _____

35 / 5 = _____

8 + 5 + 4 = _____

4 + 8 x 1 / 7 = _____

8 + 3 = _____

12 - 4 = _____

9 x 8 = _____

81 / 9 = _____

Day 199

$17 + 9 =$ _____

$11 - 1 =$ _____

$8 \times 3 =$ _____

$6 / 2 =$ _____

$16 + 7 + 7 =$ _____

$3 + 7 \times 6 / 4 =$ _____

$17 + 11 =$ _____

$3 - 2 =$ _____

$3 \times 3 =$ _____

$9 / 9 =$ _____

Day 200

$12 + 2 =$ _____

$17 - 12 =$ _____

$9 \times 5 =$ _____

$6 / 2 =$ _____

$4 + 10 + 4 =$ _____

$6 + 6 \times 9 / 3 =$ _____

$13 + 8 =$ _____

$4 - 3 =$ _____

$4 \times 9 =$ _____

$40 / 5 =$ _____

Day 201

29 + 23 = _____

21 - 15 = _____

11 x 12 = _____

130 / 13 = _____

19 + 29 + 11 = _____

14 + 14 x 14 / 8 = _____

8 + 22 = _____

18 - 1 = _____

2 x 11 = _____

8 / 8 = _____

Day 202

25 + 26 = _____

8 - 4 = _____

8 x 2 = _____

40 / 5 = _____

4 + 3 + 9 = _____

13 + 14 x 4 / 11 = _____

13 + 15 = _____

9 - 7 = _____

8 x 9 = _____

4 / 4 = _____

Day 203

$9 + 20 =$ _____

$25 - 22 =$ _____

$4 \times 11 =$ _____

$84 / 14 =$ _____

$1 + 13 + 21 =$ _____

$12 + 12 \times 8 / 5 =$ _____

$10 + 17 =$ _____

$11 - 5 =$ _____

$4 \times 12 =$ _____

$20 / 10 =$ _____

Day 204

17 + 1 = _____

28 - 5 = _____

8 x 12 = _____

14 / 14 = _____

14 + 18 + 25 = _____

14 + 12 x 11 / 4 = _____

3 + 22 = _____

6 - 4 = _____

4 x 7 = _____

24 / 4 = _____

Day 205

28 + 27 = _____

6 - 5 = _____

4 x 3 = _____

3 / 3 = _____

6 + 18 + 18 = _____

4 + 13 x 4 / 9 = _____

11 + 16 = _____

2 - 1 = _____

4 x 4 = _____

112 / 14 = _____

Day 206

15 + 19 = _____

11 - 3 = _____

10 x 1 = _____

14 / 2 = _____

19 + 10 + 19 = _____

1 + 4 x 6 / 13 = _____

22 + 24 = _____

10 - 6 = _____

10 x 6 = _____

28 / 4 = _____

Day 207

11 + 24 = _____

4 - 3 = _____

3 x 3 = _____

1 / 1 = _____

4 + 29 + 11 = _____

10 + 5 x 13 / 13 = _____

14 + 28 = _____

3 - 1 = _____

14 x 13 = _____

16 / 4 = _____

Day 208

11 + 1 = _____

18 - 6 = _____

9 x 14 = _____

45 / 9 = _____

6 + 9 + 5 = _____

1 + 7 x 8 / 4 = _____

27 + 8 = _____

18 - 6 = _____

8 x 1 = _____

130 / 13 = _____

Day 209

$18 + 26 =$ _____

$26 - 21 =$ _____

$10 \times 8 =$ _____

$16 / 4 =$ _____

$16 + 4 + 16 =$ _____

$11 + 12 \times 9 / 13 =$ _____

$11 + 3 =$ _____

$15 - 10 =$ _____

$3 \times 6 =$ _____

$39 / 3 =$ _____

Day 210

$13 + 28 =$ ____

$21 - 4 =$ ____

$13 \times 6 =$ ____

$99 / 9 =$ ____

$7 + 15 + 10 =$ ____

$1 + 7 \times 11 / 2 =$ ____

$29 + 22 =$ ____

$29 - 1 =$ ____

$9 \times 13 =$ ____

$154 / 14 =$ ____

Day 211

14 + 9 = _____

11 - 3 = _____

4 x 1 = _____

55 / 5 = _____

8 + 13 + 29 = _____

7 + 13 x 14 / 6 = _____

11 + 26 = _____

28 - 11 = _____

5 x 4 = _____

63 / 7 = _____

Day 212

14 + 18 = _____

29 - 15 = _____

13 x 3 = _____

48 / 6 = _____

29 + 15 + 5 = _____

4 + 13 x 8 / 2 = _____

10 + 21 = _____

26 - 20 = _____

2 x 9 = _____

35 / 7 = _____

Day 213

6 + 1 = _____

11 - 7 = _____

3 x 10 = _____

63 / 7 = _____

15 + 1 + 21 = _____

13 + 9 x 4 / 7 = _____

13 + 16 = _____

26 - 23 = _____

1 x 14 = _____

121 / 11 = _____

Day 214

14 + 25 = _____

22 - 14 = _____

10 x 6 = _____

48 / 8 = _____

1 + 1 + 9 = _____

12 + 8 x 8 / 9 = _____

7 + 26 = _____

15 - 13 = _____

9 x 4 = _____

27 / 3 = _____

Day 215

16 + 2 = _____

7 - 3 = _____

4 x 4 = _____

70 / 10 = _____

12 + 13 + 8 = _____

13 + 11 x 6 / 1 = _____

23 + 7 = _____

1 - 1 = _____

11 x 13 = _____

35 / 5 = _____

Day 216

29 + 26 = _____

28 - 18 = _____

1 x 7 = _____

4 / 2 = _____

15 + 9 + 6 = _____

3 + 9 x 7 / 14 = _____

8 + 5 = _____

10 - 6 = _____

13 x 6 = _____

40 / 4 = _____

Day 217

23 + 25 = _____

25 - 18 = _____

10 x 9 = _____

63 / 9 = _____

22 + 7 + 17 = _____

4 + 9 x 5 / 9 = _____

19 + 28 = _____

10 - 3 = _____

11 x 9 = _____

27 / 9 = _____

Day 218

13 + 10 = _____

7 - 5 = _____

8 x 6 = _____

30 / 5 = _____

4 + 23 + 6 = _____

3 + 12 x 3 / 11 = _____

13 + 15 = _____

28 - 23 = _____

7 x 14 = _____

4 / 1 = _____

Day 219

12 + 29 = _____

17 - 12 = _____

9 x 9 = _____

7 / 1 = _____

3 + 7 + 19 = _____

6 + 6 x 6 / 13 = _____

2 + 3 = _____

13 - 10 = _____

7 x 7 = _____

12 / 6 = _____

Day 220

23 + 12 = _____

6 - 5 = _____

12 x 12 = _____

22 / 11 = _____

6 + 13 + 2 = _____

12 + 11 x 14 / 10 = _____

20 + 24 = _____

2 - 1 = _____

2 x 14 = _____

36 / 3 = _____

Day 221

11 + 1 = _____

19 - 16 = _____

11 x 1 = _____

24 / 3 = _____

24 + 1 + 25 = _____

12 + 5 x 7 / 10 = _____

8 + 19 = _____

10 - 1 = _____

7 x 14 = _____

45 / 5 = _____

Day 222

3 + 4 = _____

12 - 9 = _____

1 x 6 = _____

12 / 3 = _____

6 + 18 + 18 = _____

12 + 13 x 3 / 14 = _____

1 + 4 = _____

1 - 1 = _____

4 x 12 = _____

39 / 13 = _____

Day 223

11 + 8 = _____

3 - 2 = _____

10 x 12 = _____

120 / 12 = _____

26 + 1 + 13 = _____

8 + 11 x 5 / 4 = _____

5 + 5 = _____

20 - 15 = _____

10 x 3 = _____

90 / 10 = _____

Day 224

$25 + 3 =$ _____

$20 - 7 =$ _____

$14 \times 7 =$ _____

$4 / 2 =$ _____

$23 + 6 + 29 =$ _____

$1 + 8 \times 13 / 10 =$ _____

$14 + 14 =$ _____

$10 - 9 =$ _____

$11 \times 12 =$ _____

$70 / 7 =$ _____

Day 225

7 + 20 = _____

25 - 21 = _____

11 x 9 = _____

4 / 1 = _____

28 + 20 + 19 = _____

4 + 10 x 14 / 7 = _____

26 + 9 = _____

23 - 20 = _____

10 x 5 = _____

55 / 11 = _____

Day 226

22 + 7 = _____

15 - 3 = _____

5 x 5 = _____

70 / 5 = _____

24 + 12 + 14 = _____

7 + 10 x 3 / 9 = _____

11 + 16 = _____

22 - 20 = _____

1 x 6 = _____

130 / 13 = _____

Day 227

29 + 15 = _____

1 - 1 = _____

9 x 14 = _____

143 / 13 = _____

9 + 13 + 11 = _____

2 + 9 x 4 / 6 = _____

22 + 27 = _____

20 - 13 = _____

12 x 12 = _____

24 / 3 = _____

Day 228

24 + 21 = _____

21 - 9 = _____

6 x 13 = _____

77 / 7 = _____

27 + 26 + 17 = _____

8 + 10 x 5 / 13 = _____

20 + 2 = _____

27 - 17 = _____

3 x 1 = _____

5 / 5 = _____

Day 229

28 + 4 = _____

5 - 1 = _____

14 x 5 = _____

20 / 10 = _____

25 + 23 + 29 = _____

3 + 11 x 13 / 8 = _____

16 + 26 = _____

25 - 17 = _____

7 x 4 = _____

11 / 1 = _____

Day 230

20 + 13 = _____

1 - 1 = _____

10 x 13 = _____

4 / 4 = _____

15 + 16 + 20 = _____

11 + 4 x 3 / 13 = _____

13 + 12 = _____

7 - 5 = _____

11 x 11 = _____

22 / 11 = _____

Day 231

5 + 23 = _____

15 - 6 = _____

11 x 5 = _____

60 / 5 = _____

25 + 27 + 12 = _____

7 + 9 x 14 / 5 = _____

2 + 6 = _____

18 - 13 = _____

7 x 10 = _____

3 / 1 = _____

Day 232

$9 + 10 =$ _____

$29 - 12 =$ _____

$4 \times 3 =$ _____

$30 / 6 =$ _____

$1 + 29 + 11 =$ _____

$13 + 4 \times 3 / 8 =$ _____

$14 + 21 =$ _____

$5 - 3 =$ _____

$12 \times 12 =$ _____

$143 / 13 =$ _____

Day 233

10 + 14 = _____

2 - 1 = _____

9 x 2 = _____

56 / 14 = _____

13 + 3 + 18 = _____

3 + 1 x 11 / 13 = _____

2 + 19 = _____

13 - 7 = _____

6 x 7 = _____

8 / 4 = _____

Day 234

4 + 26 = _____

20 - 3 = _____

1 x 5 = _____

4 / 1 = _____

10 + 13 + 18 = _____

10 + 13 x 4 / 1 = _____

25 + 7 = _____

2 - 1 = _____

14 x 11 = _____

126 / 9 = _____

Day 235

15 + 20 = _____

24 - 3 = _____

1 x 6 = _____

28 / 4 = _____

8 + 3 + 12 = _____

14 + 5 x 13 / 14 = _____

28 + 26 = _____

13 - 11 = _____

4 x 12 = _____

14 / 7 = _____

Day 236

29 + 25 = _____

19 - 11 = _____

5 x 5 = _____

55 / 11 = _____

9 + 15 + 28 = _____

3 + 7 x 4 / 4 = _____

29 + 25 = _____

2 - 1 = _____

5 x 8 = _____

40 / 8 = _____

Day 237

21 + 27 = _____

9 - 1 = _____

12 x 8 = _____

70 / 14 = _____

5 + 2 + 16 = _____

12 + 4 x 6 / 12 = _____

28 + 4 = _____

15 - 12 = _____

2 x 6 = _____

66 / 6 = _____

Day 238

15 + 21 = _____

19 - 8 = _____

1 x 4 = _____

24 / 12 = _____

18 + 14 + 16 = _____

14 + 10 x 1 / 4 = _____

27 + 23 = _____

11 - 2 = _____

11 x 3 = _____

78 / 13 = _____

Day 239

$29 + 18 = $ ____

$1 - 1 = $ ____

$12 \times 12 = $ ____

$77 / 11 = $ ____

$26 + 10 + 6 = $ ____

$12 + 6 \times 4 / 2 = $ ____

$27 + 4 = $ ____

$10 - 9 = $ ____

$14 \times 5 = $ ____

$60 / 10 = $ ____

Day 240

4 + 26 = _____

25 - 14 = _____

1 x 10 = _____

36 / 4 = _____

17 + 17 + 9 = _____

9 + 12 x 14 / 2 = _____

29 + 8 = _____

25 - 1 = _____

10 x 9 = _____

28 / 7 = _____

Day 241

26 + 20 = _____

21 - 10 = _____

1 x 7 = _____

56 / 4 = _____

3 + 9 + 5 = _____

13 + 3 x 14 / 4 = _____

21 + 22 = _____

18 - 13 = _____

9 x 4 = _____

18 / 2 = _____

Day 242

7 + 28 = ____

29 - 10 = ____

10 x 2 = ____

5 / 5 = ____

23 + 19 + 19 = ____

14 + 13 x 5 / 4 = ____

7 + 5 = ____

11 - 7 = ____

3 x 6 = ____

20 / 10 = ____

Day 243

$$27 + 1 = \underline{\hspace{2cm}}$$

$$29 - 4 = \underline{\hspace{2cm}}$$

$$5 \times 2 = \underline{\hspace{2cm}}$$

$$169 / 13 = \underline{\hspace{2cm}}$$

$$1 + 24 + 4 = \underline{\hspace{2cm}}$$

$$7 + 8 \times 1 / 2 = \underline{\hspace{2cm}}$$

$$16 + 25 = \underline{\hspace{2cm}}$$

$$24 - 6 = \underline{\hspace{2cm}}$$

$$6 \times 4 = \underline{\hspace{2cm}}$$

$$8 / 8 = \underline{\hspace{2cm}}$$

Day 244

11 + 12 = _____

15 - 6 = _____

8 x 4 = _____

117 / 9 = _____

7 + 16 + 25 = _____

1 + 5 x 10 / 1 = _____

1 + 28 = _____

26 - 19 = _____

9 x 3 = _____

144 / 12 = _____

Day 245

22 + 4 = _____

2 - 1 = _____

11 x 6 = _____

10 / 2 = _____

25 + 11 + 29 = _____

9 + 10 x 12 / 10 = _____

11 + 18 = _____

12 - 11 = _____

13 x 14 = _____

10 / 10 = _____

Day 246

23 + 25 = _____

25 - 19 = _____

5 x 8 = _____

98 / 7 = _____

26 + 17 + 18 = _____

11 + 4 x 8 / 7 = _____

25 + 14 = _____

3 - 1 = _____

14 x 10 = _____

10 / 5 = _____

Day 247

9 + 7 = _____

9 - 5 = _____

3 x 4 = _____

39 / 3 = _____

25 + 2 + 4 = _____

4 + 14 x 14 / 9 = _____

24 + 24 = _____

11 - 5 = _____

2 x 1 = _____

2 / 2 = _____

Day 248

13 + 25 = _____

5 - 3 = _____

7 x 12 = _____

110 / 11 = _____

9 + 13 + 22 = _____

8 + 8 x 1 / 14 = _____

10 + 21 = _____

20 - 14 = _____

11 x 11 = _____

8 / 2 = _____

Day 249

14 + 26 = _____

26 - 7 = _____

6 x 10 = _____

20 / 5 = _____

3 + 5 + 6 = _____

13 + 10 x 14 / 10 = _____

22 + 4 = _____

4 - 2 = _____

12 x 12 = _____

24 / 4 = _____

Day 250

$2 + 24 =$ _____

$24 - 1 =$ _____

$10 \times 6 =$ _____

$30 / 5 =$ _____

$9 + 9 + 17 =$ _____

$10 + 10 \times 9 / 8 =$ _____

$11 + 2 =$ _____

$1 - 1 =$ _____

$10 \times 6 =$ _____

$18 / 6 =$ _____

Day 251

9 + 11 = _____

2 - 1 = _____

9 x 9 = _____

30 / 6 = _____

13 + 7 + 14 = _____

12 + 7 x 8 / 10 = _____

18 + 25 = _____

22 - 17 = _____

13 x 9 = _____

10 / 2 = _____

Day 252

$29 + 5 =$ _____

$18 - 13 =$ _____

$5 \times 12 =$ _____

$90 / 10 =$ _____

$2 + 19 + 20 =$ _____

$8 + 10 \times 10 / 7 =$ _____

$23 + 23 =$ _____

$27 - 26 =$ _____

$2 \times 7 =$ _____

$33 / 3 =$ _____

Day 253

2 + 23 = _____

12 - 5 = _____

5 x 13 = _____

72 / 9 = _____

17 + 6 + 1 = _____

1 + 11 x 14 / 13 = _____

3 + 15 = _____

23 - 14 = _____

7 x 3 = _____

11 / 11 = _____

Day 254

29 + 28 = _____

10 - 9 = _____

14 x 14 = _____

9 / 9 = _____

26 + 24 + 12 = _____

8 + 14 x 13 / 6 = _____

10 + 20 = _____

13 - 2 = _____

2 x 5 = _____

81 / 9 = _____

Day 255

21 + 23 = _____

27 - 22 = _____

7 x 5 = _____

132 / 12 = _____

18 + 8 + 22 = _____

6 + 7 x 1 / 14 = _____

18 + 17 = _____

29 - 6 = _____

3 x 4 = _____

36 / 6 = _____

Day 256

27 + 6 = _____

4 - 2 = _____

14 x 1 = _____

10 / 1 = _____

22 + 11 + 11 = _____

9 + 3 x 2 / 2 = _____

4 + 20 = _____

2 - 1 = _____

11 x 4 = _____

28 / 4 = _____

Day 257

26 + 10 = _____

21 - 17 = _____

8 x 2 = _____

14 / 2 = _____

11 + 10 + 11 = _____

1 + 10 x 5 / 13 = _____

25 + 21 = _____

16 - 9 = _____

1 x 1 = _____

18 / 3 = _____

Day 258

$22 + 16 =$ ____

$14 - 12 =$ ____

$8 \times 2 =$ ____

$27 / 3 =$ ____

$5 + 21 + 20 =$ ____

$4 + 3 \times 4 / 3 =$ ____

$15 + 17 =$ ____

$18 - 16 =$ ____

$14 \times 5 =$ ____

$12 / 12 =$ ____

Day 259

14 + 23 = _____

24 - 5 = _____

5 x 4 = _____

30 / 10 = _____

14 + 22 + 27 = _____

14 + 4 x 1 / 4 = _____

18 + 11 = _____

5 - 3 = _____

3 x 5 = _____

28 / 14 = _____

Day 260

21 + 18 = _____

16 - 1 = _____

1 x 6 = _____

9 / 3 = _____

3 + 27 + 14 = _____

1 + 2 x 11 / 13 = _____

25 + 11 = _____

14 - 7 = _____

4 x 8 = _____

20 / 4 = _____

Day 261

28 + 14 = _____

9 - 8 = _____

8 x 12 = _____

72 / 8 = _____

22 + 15 + 20 = _____

2 + 9 x 12 / 3 = _____

20 + 23 = _____

10 - 6 = _____

12 x 1 = _____

12 / 12 = _____

Day 262

6 + 27 = _____

13 - 5 = _____

5 x 11 = _____

132 / 12 = _____

17 + 14 + 9 = _____

9 + 9 x 11 / 7 = _____

18 + 10 = _____

16 - 5 = _____

11 x 8 = _____

54 / 6 = _____

Day 263

10 + 1 = _____

6 - 5 = _____

10 x 13 = _____

78 / 13 = _____

8 + 5 + 12 = _____

2 + 1 x 2 / 7 = _____

7 + 26 = _____

27 - 20 = _____

2 x 9 = _____

20 / 5 = _____

Day 264

18 + 27 = _____

10 - 7 = _____

4 x 5 = _____

11 / 11 = _____

15 + 24 + 8 = _____

2 + 5 x 3 / 14 = _____

4 + 24 = _____

19 - 2 = _____

1 x 7 = _____

30 / 3 = _____

Day 265

12 + 15 = _____

25 - 8 = _____

7 x 12 = _____

44 / 11 = _____

1 + 29 + 23 = _____

8 + 13 x 6 / 3 = _____

20 + 4 = _____

16 - 2 = _____

13 x 5 = _____

168 / 12 = _____

Day 266

$$5 + 2 = \underline{\qquad}$$

$$27 - 21 = \underline{\qquad}$$

$$14 \times 7 = \underline{\qquad}$$

$$40 / 8 = \underline{\qquad}$$

$$23 + 14 + 8 = \underline{\qquad}$$

$$14 + 3 \times 7 / 14 = \underline{\qquad}$$

$$9 + 8 = \underline{\qquad}$$

$$22 - 11 = \underline{\qquad}$$

$$4 \times 2 = \underline{\qquad}$$

$$72 / 8 = \underline{\qquad}$$

Day 267

$2 + 22 =$ _____

$18 - 17 =$ _____

$14 \times 7 =$ _____

$24 / 6 =$ _____

$11 + 18 + 16 =$ _____

$10 + 4 \times 8 / 1 =$ _____

$24 + 24 =$ _____

$15 - 10 =$ _____

$14 \times 2 =$ _____

$70 / 10 =$ _____

Day 268

1 + 7 = _____

4 - 1 = _____

12 x 3 = _____

88 / 11 = _____

25 + 17 + 13 = _____

13 + 1 x 5 / 7 = _____

17 + 24 = _____

13 - 3 = _____

13 x 5 = _____

110 / 10 = _____

Day 269

21 + 23 = _____

7 - 6 = _____

10 x 11 = _____

54 / 6 = _____

15 + 12 + 10 = _____

9 + 11 x 12 / 4 = _____

16 + 4 = _____

18 - 1 = _____

10 x 2 = _____

108 / 12 = _____

Day 270

29 + 14 = _____

11 - 10 = _____

13 x 8 = _____

143 / 13 = _____

3 + 11 + 14 = _____

6 + 7 x 9 / 3 = _____

3 + 23 = _____

13 - 12 = _____

13 x 7 = _____

121 / 11 = _____

Day 271

20 + 21 = _____

18 - 16 = _____

1 x 4 = _____

70 / 5 = _____

20 + 26 + 5 = _____

4 + 7 x 5 / 12 = _____

16 + 2 = _____

18 - 11 = _____

3 x 4 = _____

35 / 5 = _____

Day 272

22 + 28 = _____

27 - 14 = _____

4 x 4 = _____

28 / 2 = _____

5 + 8 + 22 = _____

10 + 4 x 4 / 10 = _____

26 + 15 = _____

24 - 9 = _____

12 x 8 = _____

25 / 5 = _____

Day 273

22 + 22 = _____

28 - 24 = _____

14 x 5 = _____

96 / 12 = _____

15 + 11 + 8 = _____

12 + 14 x 3 / 11 = _____

1 + 21 = _____

17 - 15 = _____

1 x 14 = _____

100 / 10 = _____

Day 274

19 + 8 = _____

12 - 8 = _____

3 x 6 = _____

104 / 13 = _____

26 + 13 + 18 = _____

3 + 11 x 5 / 6 = _____

5 + 18 = _____

9 - 7 = _____

4 x 5 = _____

98 / 14 = _____

Day 275

21 + 21 = _____

22 - 17 = _____

10 x 4 = _____

45 / 9 = _____

11 + 2 + 3 = _____

5 + 9 x 8 / 9 = _____

21 + 3 = _____

18 - 15 = _____

6 x 6 = _____

5 / 5 = _____

Day 276

$29 + 21 = $ _____

$9 - 4 = $ _____

$5 \times 10 = $ _____

$28 / 4 = $ _____

$10 + 20 + 24 = $ _____

$10 + 1 \times 6 / 10 = $ _____

$6 + 8 = $ _____

$8 - 2 = $ _____

$3 \times 2 = $ _____

$10 / 10 = $ _____

Day 277

23 + 18 = _____

1 - 1 = _____

10 x 9 = _____

48 / 6 = _____

1 + 11 + 21 = _____

11 + 1 x 6 / 12 = _____

10 + 18 = _____

5 - 3 = _____

11 x 9 = _____

156 / 12 = _____

Day 278

18 + 9 = _____

14 - 6 = _____

9 x 2 = _____

8 / 4 = _____

26 + 9 + 20 = _____

8 + 12 x 5 / 2 = _____

17 + 24 = _____

27 - 4 = _____

12 x 5 = _____

40 / 4 = _____

Day 279

$17 + 25 =$ _____

$12 - 11 =$ _____

$8 \times 1 =$ _____

$104 / 8 =$ _____

$12 + 29 + 21 =$ _____

$6 + 5 \times 4 / 4 =$ _____

$24 + 13 =$ _____

$23 - 6 =$ _____

$12 \times 7 =$ _____

$72 / 6 =$ _____

Day 280

2 + 1 = _____

15 - 9 = _____

11 x 12 = _____

112 / 8 = _____

18 + 10 + 19 = _____

13 + 9 x 3 / 3 = _____

21 + 3 = _____

11 - 4 = _____

5 x 8 = _____

26 / 2 = _____

Day 281

23 + 10 = _____

18 - 2 = _____

10 x 1 = _____

7 / 1 = _____

6 + 6 + 1 = _____

6 + 13 x 2 / 7 = _____

22 + 3 = _____

26 - 25 = _____

2 x 2 = _____

50 / 10 = _____

Day 282

19 + 18 = _____

8 - 1 = _____

2 x 7 = _____

4 / 2 = _____

9 + 28 + 5 = _____

10 + 4 x 3 / 11 = _____

25 + 28 = _____

16 - 13 = _____

7 x 10 = _____

108 / 9 = _____

Day 283

8 + 19 = _____

19 - 12 = _____

5 x 7 = _____

8 / 8 = _____

23 + 3 + 29 = _____

14 + 8 x 7 / 14 = _____

27 + 1 = _____

3 - 1 = _____

11 x 6 = _____

66 / 11 = _____

Day 284

$6 + 18 =$ _____

$11 - 1 =$ _____

$1 \times 8 =$ _____

$16 / 4 =$ _____

$20 + 3 + 22 =$ _____

$14 + 7 \times 7 / 12 =$ _____

$24 + 19 =$ _____

$22 - 20 =$ _____

$6 \times 9 =$ _____

$16 / 4 =$ _____

Day 285

6 + 12 = _____

1 - 1 = _____

12 x 6 = _____

96 / 8 = _____

13 + 15 + 8 = _____

7 + 1 x 13 / 6 = _____

16 + 14 = _____

16 - 13 = _____

5 x 13 = _____

77 / 11 = _____

Day 286

15 + 13 = _____

6 - 2 = _____

7 x 14 = _____

42 / 7 = _____

22 + 27 + 11 = _____

3 + 10 x 1 / 14 = _____

12 + 26 = _____

3 - 1 = _____

5 x 7 = _____

3 / 3 = _____

Day 287

24 + 26 = _____

7 - 2 = _____

7 x 12 = _____

154 / 11 = _____

11 + 13 + 28 = _____

7 + 3 x 10 / 2 = _____

3 + 26 = _____

28 - 3 = _____

8 x 8 = _____

110 / 10 = _____

Day 288

22 + 15 = _____

15 - 2 = _____

14 x 4 = _____

70 / 10 = _____

28 + 10 + 12 = _____

6 + 6 x 4 / 11 = _____

1 + 16 = _____

28 - 26 = _____

14 x 11 = _____

80 / 10 = _____

Day 289

22 + 22 = _____

24 - 1 = _____

5 x 6 = _____

60 / 6 = _____

14 + 4 + 4 = _____

7 + 11 x 14 / 11 = _____

24 + 21 = _____

21 - 20 = _____

14 x 3 = _____

55 / 11 = _____

Day 290

20 + 26 = _____

3 - 2 = _____

9 x 8 = _____

90 / 9 = _____

1 + 2 + 28 = _____

11 + 6 x 3 / 4 = _____

9 + 3 = _____

17 - 11 = _____

14 x 4 = _____

55 / 5 = _____

Day 291

$2 + 2 = \underline{\hspace{2cm}}$

$24 - 4 = \underline{\hspace{2cm}}$

$4 \times 5 = \underline{\hspace{2cm}}$

$121 / 11 = \underline{\hspace{2cm}}$

$12 + 29 + 13 = \underline{\hspace{2cm}}$

$2 + 2 \times 4 / 6 = \underline{\hspace{2cm}}$

$24 + 4 = \underline{\hspace{2cm}}$

$25 - 12 = \underline{\hspace{2cm}}$

$2 \times 7 = \underline{\hspace{2cm}}$

$33 / 11 = \underline{\hspace{2cm}}$

Day 292

10 + 19 = _____

15 - 6 = _____

12 x 6 = _____

84 / 7 = _____

2 + 12 + 4 = _____

1 + 13 x 11 / 6 = _____

11 + 11 = _____

8 - 3 = _____

8 x 11 = _____

14 / 14 = _____

Day 293

$3 + 1 =$ _____

$20 - 15 =$ _____

$8 \times 2 =$ _____

$33 / 11 =$ _____

$10 + 9 + 24 =$ _____

$7 + 7 \times 11 / 13 =$ _____

$27 + 10 =$ _____

$26 - 4 =$ _____

$6 \times 11 =$ _____

$4 / 1 =$ _____

Day 294

16 + 2 = _____

21 - 10 = _____

2 x 12 = _____

6 / 2 = _____

13 + 11 + 18 = _____

6 + 6 x 3 / 10 = _____

28 + 22 = _____

9 - 2 = _____

12 x 11 = _____

8 / 2 = _____

Day 295

27 + 19 = _____

15 - 5 = _____

1 x 10 = _____

90 / 10 = _____

10 + 2 + 24 = _____

3 + 10 x 12 / 9 = _____

20 + 11 = _____

7 - 1 = _____

6 x 2 = _____

65 / 13 = _____

Day 296

15 + 22 = _____

20 - 18 = _____

6 x 2 = _____

32 / 8 = _____

15 + 13 + 23 = _____

12 + 12 x 9 / 8 = _____

3 + 16 = _____

23 - 17 = _____

5 x 5 = _____

9 / 9 = _____

Day 297

28 + 3 = ____

4 - 2 = ____

12 x 9 = ____

100 / 10 = ____

4 + 1 + 10 = ____

14 + 9 x 5 / 11 = ____

8 + 16 = ____

23 - 19 = ____

5 x 11 = ____

13 / 13 = ____

Day 298

24 + 3 = _____

25 - 3 = _____

8 x 9 = _____

54 / 6 = _____

29 + 27 + 22 = _____

11 + 12 x 4 / 7 = _____

21 + 20 = _____

25 - 18 = _____

10 x 11 = _____

72 / 8 = _____

Day 299

27 + 22 = _____

24 - 12 = _____

3 x 7 = _____

32 / 8 = _____

9 + 1 + 2 = _____

5 + 8 x 14 / 7 = _____

4 + 3 = _____

22 - 9 = _____

5 x 1 = _____

117 / 13 = _____

Day 300

$27 + 29 =$ _____

$3 - 1 =$ _____

$3 \times 7 =$ _____

$56 / 14 =$ _____

$9 + 9 + 15 =$ _____

$14 + 6 \times 11 / 2 =$ _____

$6 + 4 =$ _____

$14 - 9 =$ _____

$7 \times 10 =$ _____

$168 / 12 =$ _____

Day 301

38 + 29 = _____

9 - 6 = _____

13 x 18 = _____

28 / 7 = _____

22 + 3 + 6 = _____

18 + 10 x 3 / 8 = _____

14 + 32 = _____

13 - 9 = _____

15 x 1 = _____

1 / 1 = _____

Day 302

4 + 16 = _____

39 - 21 = _____

7 x 17 = _____

72 / 8 = _____

37 + 5 + 2 = _____

3 + 7 x 19 / 15 = _____

14 + 15 = _____

38 - 4 = _____

18 x 17 = _____

80 / 5 = _____

Day 303

23 + 3 = _____

28 - 3 = _____

16 x 3 = _____

19 / 19 = _____

37 + 37 + 28 = _____

3 + 7 x 13 / 8 = _____

1 + 13 = _____

6 - 4 = _____

4 x 15 = _____

10 / 10 = _____

Day 304

3 + 16 = _____

3 - 2 = _____

8 x 16 = _____

36 / 18 = _____

7 + 34 + 22 = _____

9 + 9 x 12 / 15 = _____

23 + 12 = _____

38 - 3 = _____

2 x 4 = _____

208 / 13 = _____

Day 305

17 + 27 = _____

39 - 36 = _____

15 x 16 = _____

5 / 5 = _____

3 + 3 + 3 = _____

12 + 14 x 15 / 3 = _____

23 + 10 = _____

1 - 1 = _____

11 x 6 = _____

75 / 15 = _____

Day 306

36 + 16 = _____

22 - 13 = _____

7 x 5 = _____

112 / 14 = _____

33 + 17 + 22 = _____

12 + 6 x 8 / 17 = _____

6 + 12 = _____

37 - 30 = _____

10 x 7 = _____

152 / 8 = _____

Day 307

2 + 32 = _____

7 - 3 = _____

16 x 2 = _____

14 / 7 = _____

23 + 26 + 18 = _____

2 + 11 x 5 / 5 = _____

35 + 31 = _____

14 - 9 = _____

5 x 4 = _____

12 / 4 = _____

Day 308

34 + 8 = _____

15 - 13 = _____

11 x 12 = _____

54 / 9 = _____

35 + 20 + 16 = _____

10 + 15 x 4 / 17 = _____

34 + 13 = _____

20 - 7 = _____

19 x 19 = _____

119 / 17 = _____

Day 309

14 + 35 = _____

3 - 1 = _____

1 x 3 = _____

52 / 13 = _____

32 + 35 + 26 = _____

6 + 4 x 10 / 4 = _____

30 + 20 = _____

6 - 2 = _____

11 x 11 = _____

42 / 3 = _____

Day 310

18 + 28 = _____

37 - 18 = _____

7 x 14 = _____

68 / 17 = _____

7 + 1 + 34 = _____

1 + 19 x 10 / 11 = _____

15 + 6 = _____

8 - 3 = _____

12 x 12 = _____

34 / 2 = _____

Day 311

$26 + 16 =$ _____

$5 - 3 =$ _____

$16 \times 16 =$ _____

$72 / 12 =$ _____

$31 + 9 + 7 =$ _____

$12 + 7 \times 3 / 13 =$ _____

$13 + 19 =$ _____

$38 - 26 =$ _____

$10 \times 6 =$ _____

$63 / 7 =$ _____

Day 312

$9 + 11 =$ _____

$38 - 29 =$ _____

$5 \times 8 =$ _____

$55 / 5 =$ _____

$5 + 14 + 33 =$ _____

$6 + 2 \times 5 / 19 =$ _____

$1 + 14 =$ _____

$22 - 16 =$ _____

$2 \times 16 =$ _____

$272 / 16 =$ _____

Day 313

8 + 11 = _____

20 - 17 = _____

17 x 13 = _____

216 / 18 = _____

23 + 13 + 36 = _____

18 + 9 x 17 / 2 = _____

16 + 35 = _____

22 - 15 = _____

1 x 5 = _____

170 / 10 = _____

Day 314

23 + 4 = _____

19 - 17 = _____

7 x 18 = _____

66 / 11 = _____

27 + 15 + 15 = _____

15 + 10 x 14 / 10 = _____

15 + 35 = _____

8 - 6 = _____

5 x 19 = _____

24 / 4 = _____

Day 315

$21 + 6 =$ ____

$12 - 2 =$ ____

$16 \times 10 =$ ____

$30 / 2 =$ ____

$25 + 26 + 16 =$ ____

$18 + 15 \times 8 / 14 =$ ____

$23 + 26 =$ ____

$39 - 2 =$ ____

$5 \times 11 =$ ____

$4 / 2 =$ ____

Day 316

22 + 27 = _____

15 - 3 = _____

16 x 17 = _____

60 / 10 = _____

36 + 16 + 31 = _____

19 + 15 x 1 / 15 = _____

30 + 30 = _____

23 - 14 = _____

15 x 3 = _____

32 / 2 = _____

Day 317

$$29 + 39 = \underline{\qquad}$$

$$8 - 5 = \underline{\qquad}$$

$$2 \times 6 = \underline{\qquad}$$

$$324 / 18 = \underline{\qquad}$$

$$31 + 17 + 3 = \underline{\qquad}$$

$$14 + 10 \times 9 / 6 = \underline{\qquad}$$

$$12 + 37 = \underline{\qquad}$$

$$5 - 2 = \underline{\qquad}$$

$$10 \times 11 = \underline{\qquad}$$

$$8 / 1 = \underline{\qquad}$$

Day 318

36 + 22 = _____

35 - 9 = _____

6 x 13 = _____

126 / 18 = _____

39 + 18 + 34 = _____

13 + 5 x 12 / 5 = _____

18 + 39 = _____

1 - 1 = _____

1 x 11 = _____

98 / 14 = _____

Day 319

12 + 12 = _____

18 - 5 = _____

13 x 13 = _____

168 / 14 = _____

11 + 29 + 23 = _____

6 + 2 x 4 / 1 = _____

25 + 11 = _____

33 - 3 = _____

2 x 6 = _____

192 / 12 = _____

Day 320

4 + 28 = _____

27 - 18 = _____

8 x 10 = _____

38 / 2 = _____

35 + 8 + 9 = _____

11 + 19 x 16 / 8 = _____

11 + 27 = _____

11 - 9 = _____

12 x 18 = _____

91 / 13 = _____

Day 321

$8 + 9 =$ _____

$39 - 15 =$ _____

$4 \times 4 =$ _____

$117 / 9 =$ _____

$2 + 27 + 19 =$ _____

$7 + 11 \times 1 / 19 =$ _____

$13 + 5 =$ _____

$8 - 6 =$ _____

$14 \times 2 =$ _____

$208 / 16 =$ _____

Day 322

3 + 31 = _____

35 - 20 = _____

8 x 16 = _____

9 / 9 = _____

36 + 18 + 15 = _____

10 + 9 x 8 / 2 = _____

36 + 33 = _____

17 - 9 = _____

4 x 17 = _____

100 / 10 = _____

Day 323

32 + 11 = _____

28 - 26 = _____

14 x 8 = _____

76 / 4 = _____

11 + 14 + 24 = _____

18 + 12 x 6 / 12 = _____

2 + 33 = _____

25 - 17 = _____

11 x 17 = _____

50 / 5 = _____

Day 324

22 + 36 = ____

2 - 1 = ____

18 x 6 = ____

143 / 11 = ____

30 + 23 + 12 = ____

2 + 6 x 14 / 17 = ____

28 + 24 = ____

29 - 15 = ____

2 x 3 = ____

170 / 17 = ____

Day 325

20 + 25 = _____

9 - 4 = _____

14 x 11 = _____

90 / 5 = _____

23 + 24 + 29 = _____

4 + 1 x 14 / 3 = _____

11 + 27 = _____

28 - 19 = _____

16 x 7 = _____

24 / 6 = _____

Day 326

$12 + 14 =$ _____

$37 - 34 =$ _____

$2 \times 16 =$ _____

$24 / 8 =$ _____

$16 + 27 + 16 =$ _____

$11 + 13 \times 13 / 17 =$ _____

$33 + 5 =$ _____

$21 - 14 =$ _____

$14 \times 10 =$ _____

$132 / 12 =$ _____

Day 327

34 + 1 = _____

19 - 9 = _____

16 x 8 = _____

9 / 9 = _____

6 + 8 + 17 = _____

19 + 1 x 15 / 12 = _____

6 + 4 = _____

8 - 4 = _____

7 x 10 = _____

48 / 12 = _____

Day 328

19 + 23 = _____

32 - 28 = _____

11 x 6 = _____

168 / 14 = _____

29 + 28 + 32 = _____

2 + 18 x 12 / 7 = _____

23 + 29 = _____

37 - 25 = _____

5 x 7 = _____

70 / 5 = _____

Day 329

34 + 3 = _____

20 - 8 = _____

11 x 10 = _____

95 / 19 = _____

2 + 9 + 33 = _____

19 + 18 x 1 / 10 = _____

36 + 28 = _____

18 - 11 = _____

14 x 5 = _____

65 / 5 = _____

Day 330

28 + 22 = _____

29 - 18 = _____

15 x 8 = _____

128 / 16 = _____

33 + 10 + 33 = _____

18 + 16 x 1 / 18 = _____

6 + 3 = _____

29 - 13 = _____

15 x 17 = _____

24 / 2 = _____

Day 331

18 + 22 = _____

9 - 1 = _____

19 x 16 = _____

154 / 14 = _____

19 + 26 + 16 = _____

16 + 16 x 17 / 17 = _____

9 + 34 = _____

10 - 8 = _____

19 x 14 = _____

4 / 2 = _____

Day 332

27 + 34 = _____

30 - 10 = _____

11 x 19 = _____

144 / 16 = _____

32 + 25 + 37 = _____

6 + 2 x 11 / 7 = _____

32 + 23 = _____

6 - 4 = _____

7 x 6 = _____

40 / 8 = _____

Day 333

$5 + 12 =$ _____

$8 - 4 =$ _____

$12 \times 10 =$ _____

$38 / 19 =$ _____

$35 + 16 + 18 =$ _____

$10 + 4 \times 5 / 10 =$ _____

$6 + 22 =$ _____

$27 - 6 =$ _____

$12 \times 4 =$ _____

$216 / 18 =$ _____

Day 334

31 + 26 = _____

20 - 9 = _____

6 x 17 = _____

14 / 1 = _____

31 + 11 + 25 = _____

13 + 1 x 7 / 9 = _____

8 + 36 = _____

32 - 17 = _____

1 x 17 = _____

13 / 13 = _____

Day 335

7 + 24 = _____

4 - 3 = _____

3 x 13 = _____

32 / 2 = _____

2 + 8 + 28 = _____

9 + 17 x 2 / 2 = _____

28 + 9 = _____

35 - 24 = _____

13 x 5 = _____

121 / 11 = _____

Day 336

18 + 32 = _____

5 - 2 = _____

6 x 15 = _____

221 / 13 = _____

29 + 6 + 25 = _____

7 + 16 x 4 / 17 = _____

34 + 2 = _____

27 - 12 = _____

12 x 9 = _____

126 / 7 = _____

Day 337

23 + 5 = _____

33 - 4 = _____

7 x 3 = _____

57 / 3 = _____

31 + 24 + 1 = _____

13 + 4 x 1 / 4 = _____

32 + 3 = _____

15 - 5 = _____

19 x 6 = _____

70 / 5 = _____

Day 338

10 + 21 = ____

14 - 1 = ____

13 x 19 = ____

288 / 16 = ____

5 + 4 + 35 = ____

10 + 7 x 9 / 13 = ____

13 + 29 = ____

23 - 4 = ____

16 x 15 = ____

176 / 16 = ____

Day 339

27 + 32 = _____

33 - 28 = _____

7 x 5 = _____

21 / 3 = _____

25 + 14 + 16 = _____

11 + 12 x 19 / 3 = _____

19 + 39 = _____

39 - 26 = _____

18 x 11 = _____

60 / 6 = _____

Day 340

32 + 14 = _____

17 - 1 = _____

12 x 8 = _____

24 / 3 = _____

39 + 18 + 38 = _____

13 + 5 x 16 / 3 = _____

18 + 29 = _____

1 - 1 = _____

5 x 4 = _____

323 / 19 = _____

Day 341

$3 + 15 =$ ____

$24 - 3 =$ ____

$4 \times 17 =$ ____

$36 / 2 =$ ____

$39 + 15 + 12 =$ ____

$1 + 10 \times 18 / 4 =$ ____

$20 + 37 =$ ____

$21 - 19 =$ ____

$8 \times 3 =$ ____

$72 / 12 =$ ____

Day 342

36 + 26 = _____

34 - 18 = _____

18 x 18 = _____

32 / 16 = _____

14 + 33 + 19 = _____

7 + 14 x 1 / 7 = _____

37 + 22 = _____

36 - 19 = _____

19 x 6 = _____

288 / 18 = _____

Day 343

24 + 20 = _____

22 - 11 = _____

16 x 14 = _____

55 / 5 = _____

30 + 18 + 4 = _____

14 + 9 x 7 / 7 = _____

6 + 1 = _____

8 - 2 = _____

19 x 4 = _____

12 / 1 = _____

Day 344

20 + 20 = _____

24 - 14 = _____

8 x 10 = _____

156 / 12 = _____

38 + 39 + 33 = _____

5 + 1 x 8 / 8 = _____

39 + 15 = _____

5 - 2 = _____

14 x 18 = _____

84 / 12 = _____

Day 345

35 + 23 = _____

9 - 7 = _____

10 x 16 = _____

19 / 1 = _____

25 + 22 + 36 = _____

2 + 1 x 5 / 3 = _____

33 + 3 = _____

6 - 5 = _____

2 x 14 = _____

24 / 12 = _____

Day 346

12 + 30 = _____

24 - 5 = _____

18 x 17 = _____

126 / 18 = _____

27 + 35 + 7 = _____

14 + 1 x 4 / 15 = _____

4 + 33 = _____

37 - 1 = _____

5 x 14 = _____

21 / 3 = _____

Day 347

16 + 30 = _____

11 - 3 = _____

5 x 11 = _____

30 / 3 = _____

24 + 12 + 20 = _____

18 + 1 x 18 / 12 = _____

5 + 5 = _____

29 - 7 = _____

5 x 4 = _____

160 / 16 = _____

Day 348

5 + 26 = _____

12 - 1 = _____

19 x 4 = _____

112 / 14 = _____

16 + 8 + 17 = _____

4 + 9 x 13 / 11 = _____

27 + 30 = _____

23 - 9 = _____

11 x 8 = _____

60 / 10 = _____

Day 349

29 + 7 = _____

10 - 8 = _____

17 x 10 = _____

153 / 9 = _____

7 + 23 + 10 = _____

3 + 12 x 18 / 10 = _____

6 + 14 = _____

35 - 31 = _____

3 x 14 = _____

168 / 12 = _____

Day 350

$6 + 19 =$ _____

$22 - 2 =$ _____

$10 \times 13 =$ _____

$96 / 16 =$ _____

$4 + 24 + 16 =$ _____

$11 + 18 \times 14 / 7 =$ _____

$33 + 35 =$ _____

$37 - 12 =$ _____

$5 \times 13 =$ _____

$40 / 4 =$ _____

Day 351

$37 + 30 =$ _____

$11 - 5 =$ _____

$1 \times 14 =$ _____

$80 / 10 =$ _____

$22 + 6 + 18 =$ _____

$2 + 7 \times 6 / 9 =$ _____

$39 + 9 =$ _____

$14 - 4 =$ _____

$4 \times 11 =$ _____

$35 / 5 =$ _____

Day 352

23 + 17 = _____

39 - 2 = _____

1 x 4 = _____

56 / 8 = _____

4 + 38 + 38 = _____

12 + 6 x 5 / 5 = _____

30 + 23 = _____

23 - 5 = _____

16 x 8 = _____

108 / 9 = _____

Day 353

1 + 21 = _____

18 - 17 = _____

2 x 18 = _____

7 / 7 = _____

38 + 28 + 16 = _____

13 + 19 x 1 / 13 = _____

19 + 8 = _____

6 - 5 = _____

7 x 3 = _____

98 / 7 = _____

Day 354

6 + 30 = _____

39 - 23 = _____

14 x 11 = _____

48 / 6 = _____

37 + 5 + 32 = _____

19 + 10 x 12 / 5 = _____

13 + 17 = _____

30 - 27 = _____

1 x 18 = _____

198 / 18 = _____

Day 355

10 + 28 = _____

36 - 4 = _____

1 x 14 = _____

36 / 12 = _____

19 + 25 + 33 = _____

6 + 4 x 2 / 7 = _____

24 + 18 = _____

26 - 8 = _____

9 x 11 = _____

8 / 4 = _____

Day 356

6 + 36 = _____

38 - 30 = _____

8 x 12 = _____

35 / 5 = _____

32 + 10 + 9 = _____

15 + 17 x 16 / 9 = _____

12 + 27 = _____

14 - 13 = _____

7 x 7 = _____

78 / 13 = _____

Day 357

2 + 10 = _____

5 - 1 = _____

9 x 7 = _____

108 / 12 = _____

39 + 2 + 26 = _____

15 + 4 x 2 / 18 = _____

8 + 21 = _____

10 - 3 = _____

1 x 2 = _____

133 / 19 = _____

Day 358

18 + 31 = _____

39 - 15 = _____

12 x 2 = _____

187 / 11 = _____

28 + 19 + 25 = _____

18 + 11 x 6 / 9 = _____

30 + 1 = _____

9 - 7 = _____

5 x 14 = _____

5 / 5 = _____

Day 359

$$11 + 9 = \underline{\hspace{2cm}}$$

$$31 - 6 = \underline{\hspace{2cm}}$$

$$9 \times 2 = \underline{\hspace{2cm}}$$

$$26 / 2 = \underline{\hspace{2cm}}$$

$$9 + 3 + 36 = \underline{\hspace{2cm}}$$

$$13 + 8 \times 9 / 19 = \underline{\hspace{2cm}}$$

$$38 + 15 = \underline{\hspace{2cm}}$$

$$16 - 3 = \underline{\hspace{2cm}}$$

$$18 \times 6 = \underline{\hspace{2cm}}$$

$$33 / 11 = \underline{\hspace{2cm}}$$

Day 360

15 + 35 = _____

4 - 2 = _____

6 x 16 = _____

84 / 6 = _____

24 + 9 + 29 = _____

14 + 3 x 17 / 18 = _____

5 + 31 = _____

26 - 21 = _____

8 x 16 = _____

169 / 13 = _____

Day 361

$$2 + 12 = \underline{\qquad}$$

$$2 - 1 = \underline{\qquad}$$

$$8 \times 17 = \underline{\qquad}$$

$$60 / 10 = \underline{\qquad}$$

$$29 + 28 + 3 = \underline{\qquad}$$

$$8 + 6 \times 7 / 12 = \underline{\qquad}$$

$$31 + 34 = \underline{\qquad}$$

$$36 - 13 = \underline{\qquad}$$

$$6 \times 9 = \underline{\qquad}$$

$$195 / 13 = \underline{\qquad}$$

Day 362

33 + 5 = _____

18 - 5 = _____

8 x 6 = _____

40 / 10 = _____

12 + 29 + 11 = _____

1 + 4 x 5 / 11 = _____

36 + 35 = _____

4 - 3 = _____

19 x 1 = _____

18 / 2 = _____

Day 363

26 + 30 = _____

8 - 7 = _____

19 x 10 = _____

70 / 10 = _____

8 + 16 + 21 = _____

4 + 3 x 18 / 11 = _____

5 + 39 = _____

10 - 5 = _____

15 x 14 = _____

7 / 1 = _____

Day 364

15 + 22 = _____

12 - 11 = _____

9 x 4 = _____

130 / 10 = _____

29 + 30 + 27 = _____

16 + 11 x 5 / 9 = _____

22 + 26 = _____

32 - 13 = _____

2 x 13 = _____

13 / 13 = _____

Day 365

$17 + 38 =$ _____

$13 - 12 =$ _____

$19 \times 15 =$ _____

$60 / 10 =$ _____

$30 + 25 + 17 =$ _____

$16 + 7 \times 13 / 10 =$ _____

$1 + 5 =$ _____

$28 - 21 =$ _____

$16 \times 9 =$ _____

$27 / 9 =$ _____

Day 366

1 + 35 = _____

22 - 15 = _____

17 x 19 = _____

114 / 6 = _____

27 + 28 + 20 = _____

17 + 1 x 3 / 5 = _____

21 + 36 = _____

10 - 4 = _____

18 x 4 = _____

24 / 3 = _____

Day 367

5 + 35 = _____

6 - 4 = _____

6 x 7 = _____

289 / 17 = _____

23 + 38 + 33 = _____

6 + 3 x 8 / 1 = _____

24 + 14 = _____

18 - 12 = _____

15 x 2 = _____

240 / 16 = _____

Day 368

19 + 34 = _____

36 - 7 = _____

17 x 11 = _____

10 / 1 = _____

38 + 36 + 19 = _____

9 + 16 x 15 / 4 = _____

2 + 24 = _____

32 - 27 = _____

18 x 18 = _____

68 / 4 = _____

Day 369

$5 + 5 =$ _____

$34 - 21 =$ _____

$2 \times 10 =$ _____

$70 / 10 =$ _____

$13 + 11 + 5 =$ _____

$13 + 18 \times 7 / 4 =$ _____

$1 + 12 =$ _____

$23 - 10 =$ _____

$17 \times 8 =$ _____

$247 / 13 =$ _____

Day 370

9 + 35 = _____

8 - 3 = _____

2 x 19 = _____

90 / 5 = _____

34 + 12 + 1 = _____

15 + 2 x 1 / 18 = _____

37 + 3 = _____

19 - 11 = _____

3 x 4 = _____

28 / 14 = _____

Day 371

10 + 26 = _____

17 - 13 = _____

11 x 7 = _____

70 / 10 = _____

18 + 19 + 7 = _____

13 + 15 x 17 / 1 = _____

17 + 16 = _____

4 - 2 = _____

5 x 7 = _____

198 / 18 = _____

Day 372

5 + 1 = _____

15 - 9 = _____

8 x 8 = _____

160 / 16 = _____

31 + 21 + 31 = _____

19 + 15 x 13 / 4 = _____

27 + 23 = _____

15 - 14 = _____

11 x 6 = _____

136 / 17 = _____

Day 373

8 + 2 = _____

1 - 1 = _____

4 x 2 = _____

144 / 16 = _____

29 + 13 + 4 = _____

6 + 15 x 4 / 14 = _____

4 + 37 = _____

25 - 24 = _____

8 x 3 = _____

342 / 19 = _____

Day 374

12 + 30 = _____

9 - 4 = _____

15 x 17 = _____

56 / 8 = _____

11 + 9 + 25 = _____

4 + 12 x 8 / 7 = _____

27 + 17 = _____

37 - 4 = _____

2 x 12 = _____

91 / 13 = _____

Day 375

16 + 19 = _____

34 - 10 = _____

1 x 19 = _____

70 / 7 = _____

11 + 9 + 5 = _____

14 + 6 x 18 / 13 = _____

3 + 22 = _____

12 - 1 = _____

16 x 2 = _____

3 / 3 = _____

Day 376

6 + 28 = _____

24 - 22 = _____

11 x 9 = _____

18 / 1 = _____

13 + 24 + 17 = _____

16 + 18 x 18 / 11 = _____

16 + 15 = _____

37 - 27 = _____

7 x 19 = _____

117 / 9 = _____

Day 377

$$2 + 30 = \underline{\hspace{2cm}}$$

$$31 - 27 = \underline{\hspace{2cm}}$$

$$11 \times 15 = \underline{\hspace{2cm}}$$

$$204 / 12 = \underline{\hspace{2cm}}$$

$$11 + 10 + 18 = \underline{\hspace{2cm}}$$

$$14 + 12 \times 8 / 1 = \underline{\hspace{2cm}}$$

$$31 + 2 = \underline{\hspace{2cm}}$$

$$10 - 3 = \underline{\hspace{2cm}}$$

$$16 \times 3 = \underline{\hspace{2cm}}$$

$$34 / 17 = \underline{\hspace{2cm}}$$

Day 378

28 + 6 = _____

39 - 35 = _____

12 x 17 = _____

105 / 7 = _____

3 + 27 + 2 = _____

11 + 4 x 15 / 11 = _____

19 + 6 = _____

27 - 20 = _____

3 x 11 = _____

40 / 10 = _____

Day 379

39 + 39 = _____

15 - 3 = _____

14 x 3 = _____

169 / 13 = _____

22 + 7 + 26 = _____

2 + 14 x 11 / 17 = _____

39 + 39 = _____

37 - 18 = _____

8 x 2 = _____

187 / 11 = _____

Day 380

33 + 1 = _____

18 - 14 = _____

4 x 3 = _____

98 / 7 = _____

21 + 9 + 39 = _____

1 + 18 x 5 / 14 = _____

25 + 26 = _____

16 - 1 = _____

9 x 8 = _____

154 / 11 = _____

Day 381

33 + 37 = _____

12 - 8 = _____

15 x 5 = _____

4 / 2 = _____

5 + 16 + 6 = _____

11 + 3 x 5 / 7 = _____

20 + 22 = _____

9 - 4 = _____

3 x 16 = _____

165 / 15 = _____

Day 382

$$37 + 29 = \underline{\qquad}$$

$$10 - 3 = \underline{\qquad}$$

$$16 \times 19 = \underline{\qquad}$$

$$4 / 2 = \underline{\qquad}$$

$$18 + 11 + 12 = \underline{\qquad}$$

$$12 + 16 \times 17 / 9 = \underline{\qquad}$$

$$23 + 21 = \underline{\qquad}$$

$$17 - 2 = \underline{\qquad}$$

$$17 \times 12 = \underline{\qquad}$$

$$210 / 15 = \underline{\qquad}$$

Day 383

23 + 15 = _____

12 - 10 = _____

9 x 5 = _____

171 / 19 = _____

35 + 4 + 16 = _____

7 + 19 x 10 / 18 = _____

11 + 5 = _____

3 - 1 = _____

13 x 6 = _____

204 / 17 = _____

Day 384

21 + 25 = _____

5 - 3 = _____

18 x 14 = _____

238 / 14 = _____

37 + 7 + 1 = _____

13 + 18 x 10 / 2 = _____

23 + 33 = _____

19 - 16 = _____

8 x 11 = _____

90 / 9 = _____

Day 385

19 + 3 = _____

24 - 4 = _____

1 x 16 = _____

12 / 6 = _____

18 + 29 + 30 = _____

15 + 6 x 7 / 13 = _____

3 + 29 = _____

7 - 2 = _____

9 x 4 = _____

306 / 18 = _____

Day 386

1 + 30 = _____

2 - 1 = _____

9 x 4 = _____

81 / 9 = _____

3 + 4 + 5 = _____

12 + 11 x 7 / 11 = _____

28 + 3 = _____

26 - 2 = _____

11 x 18 = _____

56 / 4 = _____

Day 387

32 + 9 = _____

8 - 3 = _____

2 x 5 = _____

133 / 7 = _____

13 + 22 + 9 = _____

12 + 8 x 19 / 7 = _____

33 + 36 = _____

1 - 1 = _____

13 x 14 = _____

60 / 4 = _____

Day 388

4 + 29 = _____

8 - 4 = _____

3 x 16 = _____

21 / 3 = _____

36 + 33 + 2 = _____

5 + 5 x 5 / 15 = _____

14 + 8 = _____

28 - 3 = _____

16 x 2 = _____

98 / 7 = _____

Day 389

7 + 30 = _____

29 - 23 = _____

3 x 11 = _____

130 / 13 = _____

2 + 25 + 19 = _____

3 + 14 x 17 / 15 = _____

10 + 8 = _____

8 - 2 = _____

6 x 15 = _____

98 / 7 = _____

Day 390

4 + 23 = _____

6 - 4 = _____

3 x 19 = _____

84 / 12 = _____

27 + 30 + 1 = _____

1 + 14 x 8 / 19 = _____

39 + 32 = _____

11 - 4 = _____

1 x 12 = _____

45 / 15 = _____

Day 391

3 + 18 = _____

16 - 8 = _____

18 x 12 = _____

17 / 17 = _____

39 + 32 + 3 = _____

13 + 5 x 1 / 17 = _____

22 + 20 = _____

18 - 5 = _____

16 x 8 = _____

221 / 13 = _____

Day 392

3 + 34 = _____

9 - 2 = _____

7 x 2 = _____

56 / 8 = _____

3 + 12 + 18 = _____

2 + 5 x 14 / 10 = _____

27 + 30 = _____

31 - 22 = _____

1 x 5 = _____

182 / 13 = _____

Day 393

29 + 38 = _____

38 - 27 = _____

17 x 11 = _____

133 / 7 = _____

30 + 16 + 24 = _____

7 + 12 x 14 / 8 = _____

21 + 38 = _____

25 - 12 = _____

19 x 7 = _____

288 / 16 = _____

Day 394

$25 + 33 =$ _____

$1 - 1 =$ _____

$10 \times 1 =$ _____

$169 / 13 =$ _____

$24 + 17 + 6 =$ _____

$10 + 5 \times 8 / 7 =$ _____

$21 + 31 =$ _____

$29 - 10 =$ _____

$14 \times 13 =$ _____

$104 / 13 =$ _____

Day 395

35 + 39 = _____

16 - 5 = _____

15 x 8 = _____

195 / 15 = _____

15 + 37 + 2 = _____

7 + 17 x 16 / 16 = _____

34 + 38 = _____

4 - 3 = _____

19 x 18 = _____

36 / 9 = _____

Day 396

5 + 5 = _____

25 - 3 = _____

13 x 5 = _____

2 / 1 = _____

11 + 39 + 19 = _____

3 + 15 x 3 / 14 = _____

36 + 11 = _____

32 - 24 = _____

15 x 11 = _____

10 / 5 = _____

Day 397

$18 + 27 = \underline{\qquad}$

$38 - 33 = \underline{\qquad}$

$8 \times 12 = \underline{\qquad}$

$247 / 19 = \underline{\qquad}$

$19 + 18 + 31 = \underline{\qquad}$

$6 + 4 \times 3 / 6 = \underline{\qquad}$

$5 + 16 = \underline{\qquad}$

$15 - 12 = \underline{\qquad}$

$15 \times 7 = \underline{\qquad}$

$112 / 8 = \underline{\qquad}$

Day 398

$3 + 29 =$ _____

$9 - 2 =$ _____

$9 \times 4 =$ _____

$42 / 3 =$ _____

$26 + 36 + 2 =$ _____

$4 + 8 \times 14 / 8 =$ _____

$25 + 20 =$ _____

$12 - 4 =$ _____

$19 \times 14 =$ _____

$323 / 19 =$ _____

Day 399

22 + 32 = _____

39 - 28 = _____

7 x 8 = _____

126 / 14 = _____

28 + 2 + 38 = _____

18 + 3 x 3 / 8 = _____

21 + 18 = _____

14 - 10 = _____

3 x 7 = _____

54 / 3 = _____

Day 400

$35 + 16 =$ _____

$1 - 1 =$ _____

$7 \times 10 =$ _____

$9 / 1 =$ _____

$2 + 3 + 35 =$ _____

$13 + 8 \times 9 / 9 =$ _____

$30 + 11 =$ _____

$38 - 18 =$ _____

$6 \times 3 =$ _____

$144 / 9 =$ _____

Day 401

12 + 24 = _____

5 - 4 = _____

21 x 16 = _____

483 / 23 = _____

24 + 21 + 43 = _____

3 + 8 x 9 / 17 = _____

19 + 48 = _____

34 - 21 = _____

23 x 21 = _____

72 / 6 = _____

Day 402

2 + 4 = _____

49 - 28 = _____

12 x 4 = _____

440 / 22 = _____

40 + 21 + 29 = _____

19 + 6 x 6 / 17 = _____

8 + 38 = _____

5 - 1 = _____

10 x 7 = _____

117 / 13 = _____

Day 403

8 + 21 = _____

30 - 17 = _____

13 x 15 = _____

169 / 13 = _____

48 + 49 + 1 = _____

2 + 17 x 22 / 3 = _____

23 + 34 = _____

30 - 17 = _____

2 x 17 = _____

252 / 18 = _____

Day 404

22 + 8 = _____

13 - 7 = _____

21 x 21 = _____

315 / 15 = _____

11 + 25 + 37 = _____

21 + 4 x 21 / 15 = _____

19 + 11 = _____

14 - 12 = _____

16 x 19 = _____

30 / 6 = _____

Day 405

1 + 13 = _____

34 - 21 = _____

13 x 20 = _____

204 / 17 = _____

32 + 21 + 42 = _____

5 + 11 x 7 / 2 = _____

34 + 34 = _____

17 - 3 = _____

20 x 14 = _____

48 / 24 = _____

Day 406

47 + 30 = _____

5 - 1 = _____

9 x 19 = _____

57 / 19 = _____

39 + 10 + 48 = _____

7 + 7 x 4 / 5 = _____

5 + 2 = _____

26 - 2 = _____

3 x 10 = _____

136 / 8 = _____

Day 407

9 + 7 = _____

7 - 4 = _____

6 x 7 = _____

176 / 16 = _____

31 + 2 + 11 = _____

18 + 1 x 11 / 15 = _____

16 + 33 = _____

43 - 14 = _____

2 x 24 = _____

11 / 11 = _____

Day 408

40 + 26 = _____

24 - 6 = _____

3 x 7 = _____

273 / 13 = _____

32 + 32 + 45 = _____

23 + 2 x 6 / 5 = _____

28 + 40 = _____

9 - 7 = _____

9 x 6 = _____

22 / 2 = _____

Day 409

9 + 33 = _____

22 - 5 = _____

10 x 6 = _____

18 / 3 = _____

36 + 36 + 7 = _____

8 + 2 x 19 / 2 = _____

26 + 8 = _____

6 - 1 = _____

14 x 3 = _____

36 / 3 = _____

Day 410

26 + 5 = _____

24 - 7 = _____

13 x 22 = _____

15 / 5 = _____

39 + 37 + 5 = _____

8 + 14 x 17 / 2 = _____

7 + 32 = _____

27 - 11 = _____

5 x 5 = _____

529 / 23 = _____

Day 411

$7 + 40 =$ _____

$38 - 24 =$ _____

$15 \times 6 =$ _____

$24 / 2 =$ _____

$16 + 3 + 9 =$ _____

$23 + 3 \times 22 / 23 =$ _____

$28 + 18 =$ _____

$26 - 17 =$ _____

$9 \times 14 =$ _____

$264 / 24 =$ _____

Day 412

23 + 42 = _____

4 - 3 = _____

13 x 1 = _____

391 / 17 = _____

15 + 28 + 9 = _____

9 + 12 x 19 / 6 = _____

29 + 42 = _____

37 - 10 = _____

19 x 7 = _____

180 / 10 = _____

Day 413

48 + 12 = _____

35 - 34 = _____

2 x 17 = _____

210 / 14 = _____

17 + 9 + 18 = _____

8 + 20 x 14 / 7 = _____

26 + 22 = _____

31 - 4 = _____

22 x 9 = _____

322 / 23 = _____

Day 414

23 + 40 = _____

6 - 5 = _____

20 x 15 = _____

40 / 8 = _____

10 + 4 + 6 = _____

3 + 19 x 20 / 2 = _____

33 + 13 = _____

37 - 35 = _____

20 x 5 = _____

36 / 3 = _____

Day 415

22 + 2 = _____

29 - 7 = _____

20 x 4 = _____

52 / 4 = _____

19 + 1 + 33 = _____

6 + 4 x 23 / 18 = _____

37 + 1 = _____

2 - 1 = _____

5 x 6 = _____

187 / 17 = _____

Day 416

25 + 34 = _____

19 - 18 = _____

21 x 4 = _____

33 / 11 = _____

19 + 17 + 18 = _____

16 + 22 x 6 / 10 = _____

25 + 2 = _____

4 - 2 = _____

18 x 3 = _____

42 / 3 = _____

Day 417

$44 + 36 =$ _____

$25 - 24 =$ _____

$23 \times 20 =$ _____

$115 / 5 =$ _____

$12 + 37 + 30 =$ _____

$3 + 13 \times 11 / 5 =$ _____

$13 + 20 =$ _____

$47 - 41 =$ _____

$7 \times 23 =$ _____

$140 / 20 =$ _____

Day 418

42 + 27 = _____

31 - 17 = _____

23 x 3 = _____

408 / 17 = _____

17 + 20 + 6 = _____

12 + 7 x 9 / 4 = _____

24 + 17 = _____

10 - 4 = _____

3 x 22 = _____

24 / 8 = _____

Day 419

43 + 3 = _____

43 - 34 = _____

4 x 19 = _____

120 / 6 = _____

33 + 4 + 22 = _____

16 + 11 x 8 / 7 = _____

13 + 42 = _____

27 - 21 = _____

6 x 17 = _____

230 / 10 = _____

Day 420

$46 + 44 = \underline{\hspace{2cm}}$

$13 - 6 = \underline{\hspace{2cm}}$

$14 \times 3 = \underline{\hspace{2cm}}$

$238 / 14 = \underline{\hspace{2cm}}$

$18 + 27 + 21 = \underline{\hspace{2cm}}$

$19 + 12 \times 2 / 8 = \underline{\hspace{2cm}}$

$28 + 9 = \underline{\hspace{2cm}}$

$7 - 4 = \underline{\hspace{2cm}}$

$11 \times 10 = \underline{\hspace{2cm}}$

$360 / 20 = \underline{\hspace{2cm}}$

Day 421

$34 + 9 =$ _____

$4 - 3 =$ _____

$13 \times 14 =$ _____

$8 / 4 =$ _____

$21 + 22 + 6 =$ _____

$23 + 22 \times 22 / 8 =$ _____

$32 + 36 =$ _____

$6 - 2 =$ _____

$3 \times 3 =$ _____

$14 / 1 =$ _____

Day 422

$39 + 9 =$ _____

$27 - 26 =$ _____

$15 \times 3 =$ _____

$96 / 4 =$ _____

$27 + 6 + 9 =$ _____

$14 + 8 \times 12 / 4 =$ _____

$1 + 6 =$ _____

$12 - 6 =$ _____

$1 \times 8 =$ _____

$36 / 9 =$ _____

Day 423

20 + 34 = ____

43 - 21 = ____

21 x 9 = ____

18 / 1 = ____

30 + 32 + 30 = ____

7 + 19 x 24 / 15 = ____

26 + 47 = ____

14 - 7 = ____

14 x 20 = ____

144 / 18 = ____

Day 424

1 + 8 = _____

29 - 3 = _____

7 x 21 = _____

15 / 15 = _____

12 + 21 + 2 = _____

4 + 8 x 18 / 16 = _____

15 + 31 = _____

25 - 10 = _____

14 x 23 = _____

102 / 17 = _____

Day 425

$$20 + 2 = \underline{\qquad}$$

$$26 - 18 = \underline{\qquad}$$

$$14 \times 18 = \underline{\qquad}$$

$$380 / 20 = \underline{\qquad}$$

$$17 + 34 + 18 = \underline{\qquad}$$

$$21 + 9 \times 7 / 6 = \underline{\qquad}$$

$$38 + 43 = \underline{\qquad}$$

$$48 - 29 = \underline{\qquad}$$

$$9 \times 21 = \underline{\qquad}$$

$$378 / 18 = \underline{\qquad}$$

Day 426

15 + 39 = _____

16 - 15 = _____

21 x 2 = _____

44 / 11 = _____

19 + 16 + 46 = _____

5 + 2 x 18 / 4 = _____

4 + 16 = _____

21 - 13 = _____

17 x 12 = _____

483 / 23 = _____

Day 427

$15 + 2 =$ _____

$19 - 14 =$ _____

$13 \times 15 =$ _____

$64 / 8 =$ _____

$18 + 33 + 10 =$ _____

$6 + 23 \times 6 / 18 =$ _____

$48 + 35 =$ _____

$45 - 24 =$ _____

$24 \times 14 =$ _____

$30 / 10 =$ _____

Day 428

10 + 2 = _____

35 - 31 = _____

7 x 23 = _____

6 / 6 = _____

20 + 18 + 45 = _____

1 + 24 x 12 / 9 = _____

44 + 27 = _____

3 - 2 = _____

14 x 13 = _____

286 / 22 = _____

Day 429

11 + 42 = _____

29 - 13 = _____

23 x 20 = _____

552 / 23 = _____

16 + 44 + 46 = _____

5 + 18 x 20 / 17 = _____

2 + 19 = _____

7 - 4 = _____

20 x 21 = _____

6 / 1 = _____

Day 430

38 + 23 = _____

19 - 1 = _____

24 x 23 = _____

280 / 14 = _____

29 + 16 + 25 = _____

12 + 2 x 17 / 13 = _____

15 + 13 = _____

23 - 9 = _____

15 x 4 = _____

8 / 1 = _____

Day 431

$31 + 4 = \underline{\hspace{2cm}}$

$42 - 2 = \underline{\hspace{2cm}}$

$15 \times 11 = \underline{\hspace{2cm}}$

$44 / 22 = \underline{\hspace{2cm}}$

$32 + 10 + 32 = \underline{\hspace{2cm}}$

$20 + 24 \times 14 / 19 = \underline{\hspace{2cm}}$

$47 + 3 = \underline{\hspace{2cm}}$

$37 - 3 = \underline{\hspace{2cm}}$

$9 \times 22 = \underline{\hspace{2cm}}$

$40 / 5 = \underline{\hspace{2cm}}$

Day 432

33 + 17 = _____

43 - 35 = _____

9 x 9 = _____

132 / 12 = _____

4 + 37 + 9 = _____

19 + 23 x 4 / 22 = _____

49 + 20 = _____

34 - 8 = _____

21 x 8 = _____

220 / 10 = _____

Day 433

26 + 37 = _____

24 - 12 = _____

9 x 21 = _____

34 / 2 = _____

21 + 21 + 37 = _____

5 + 17 x 18 / 15 = _____

26 + 37 = _____

8 - 6 = _____

14 x 2 = _____

400 / 20 = _____

Day 434

$$41 + 39 = \underline{\hspace{2cm}}$$

$$8 - 6 = \underline{\hspace{2cm}}$$

$$17 \times 17 = \underline{\hspace{2cm}}$$

$$144 / 16 = \underline{\hspace{2cm}}$$

$$1 + 12 + 22 = \underline{\hspace{2cm}}$$

$$9 + 2 \times 22 / 20 = \underline{\hspace{2cm}}$$

$$7 + 29 = \underline{\hspace{2cm}}$$

$$49 - 3 = \underline{\hspace{2cm}}$$

$$18 \times 9 = \underline{\hspace{2cm}}$$

$$144 / 6 = \underline{\hspace{2cm}}$$

Day 435

10 + 13 = _____

39 - 6 = _____

12 x 17 = _____

294 / 14 = _____

41 + 35 + 47 = _____

16 + 18 x 5 / 3 = _____

20 + 1 = _____

38 - 3 = _____

18 x 23 = _____

63 / 7 = _____

Day 436

26 + 31 = _____

46 - 2 = _____

4 x 14 = _____

2 / 1 = _____

23 + 31 + 41 = _____

23 + 13 x 22 / 13 = _____

9 + 31 = _____

22 - 9 = _____

15 x 16 = _____

21 / 3 = _____

Day 437

$5 + 47 =$ _____

$25 - 15 =$ _____

$2 \times 24 =$ _____

$84 / 7 =$ _____

$1 + 46 + 43 =$ _____

$7 + 13 \times 14 / 17 =$ _____

$21 + 14 =$ _____

$40 - 25 =$ _____

$12 \times 1 =$ _____

$132 / 22 =$ _____

Day 438

30 + 26 = _____

24 - 14 = _____

11 x 7 = _____

224 / 14 = _____

36 + 20 + 18 = _____

21 + 2 x 16 / 24 = _____

48 + 6 = _____

10 - 2 = _____

20 x 1 = _____

256 / 16 = _____

Day 439

$48 + 31 = \underline{\hspace{2cm}}$

$47 - 2 = \underline{\hspace{2cm}}$

$3 \times 20 = \underline{\hspace{2cm}}$

$15 / 1 = \underline{\hspace{2cm}}$

$12 + 11 + 35 = \underline{\hspace{2cm}}$

$22 + 2 \times 14 / 9 = \underline{\hspace{2cm}}$

$40 + 11 = \underline{\hspace{2cm}}$

$24 - 7 = \underline{\hspace{2cm}}$

$4 \times 21 = \underline{\hspace{2cm}}$

$90 / 5 = \underline{\hspace{2cm}}$

Day 440

30 + 38 = _____

15 - 12 = _____

13 x 8 = _____

44 / 22 = _____

11 + 48 + 44 = _____

13 + 24 x 12 / 6 = _____

21 + 41 = _____

34 - 26 = _____

3 x 16 = _____

190 / 10 = _____

Day 441

45 + 21 = _____

37 - 14 = _____

23 x 9 = _____

216 / 18 = _____

39 + 40 + 45 = _____

9 + 7 x 20 / 24 = _____

26 + 16 = _____

17 - 3 = _____

12 x 23 = _____

10 / 5 = _____

Day 442

19 + 16 = _____

48 - 3 = _____

12 x 12 = _____

4 / 2 = _____

5 + 11 + 49 = _____

10 + 11 x 19 / 22 = _____

48 + 36 = _____

25 - 12 = _____

3 x 18 = _____

12 / 3 = _____

Day 443

48 + 30 = _____

41 - 8 = _____

12 x 19 = _____

264 / 12 = _____

41 + 36 + 18 = _____

9 + 2 x 23 / 7 = _____

13 + 1 = _____

35 - 25 = _____

20 x 3 = _____

70 / 7 = _____

Day 444

$$29 + 37 = \underline{\hspace{2cm}}$$

$$20 - 8 = \underline{\hspace{2cm}}$$

$$10 \times 24 = \underline{\hspace{2cm}}$$

$$22 / 11 = \underline{\hspace{2cm}}$$

$$17 + 15 + 8 = \underline{\hspace{2cm}}$$

$$1 + 11 \times 16 / 7 = \underline{\hspace{2cm}}$$

$$30 + 15 = \underline{\hspace{2cm}}$$

$$29 - 9 = \underline{\hspace{2cm}}$$

$$5 \times 17 = \underline{\hspace{2cm}}$$

$$20 / 2 = \underline{\hspace{2cm}}$$

Day 445

42 + 2 = _____

22 - 5 = _____

12 x 10 = _____

168 / 24 = _____

2 + 34 + 10 = _____

7 + 11 x 2 / 10 = _____

5 + 46 = _____

19 - 12 = _____

1 x 2 = _____

506 / 22 = _____

Day 446

$42 + 31 =$ _____

$36 - 4 =$ _____

$11 \times 6 =$ _____

$60 / 20 =$ _____

$37 + 26 + 18 =$ _____

$14 + 9 \times 24 / 18 =$ _____

$47 + 33 =$ _____

$18 - 1 =$ _____

$4 \times 8 =$ _____

$60 / 6 =$ _____

Day 447

42 + 28 = _____

44 - 22 = _____

10 x 20 = _____

2 / 1 = _____

16 + 46 + 5 = _____

15 + 15 x 19 / 8 = _____

27 + 3 = _____

12 - 7 = _____

12 x 18 = _____

24 / 2 = _____

Day 448

3 + 6 = _____

9 - 4 = _____

24 x 16 = _____

38 / 2 = _____

31 + 30 + 13 = _____

21 + 14 x 14 / 18 = _____

21 + 15 = _____

35 - 16 = _____

2 x 16 = _____

70 / 7 = _____

Day 449

7 + 10 = _____

19 - 15 = _____

24 x 22 = _____

342 / 18 = _____

31 + 38 + 4 = _____

21 + 10 x 6 / 9 = _____

3 + 20 = _____

13 - 2 = _____

11 x 24 = _____

198 / 9 = _____

Day 450

37 + 49 = _____

17 - 13 = _____

7 x 18 = _____

7 / 7 = _____

42 + 39 + 36 = _____

2 + 6 x 15 / 20 = _____

5 + 44 = _____

45 - 36 = _____

15 x 3 = _____

204 / 12 = _____

Day 451

17 + 10 = _____

46 - 30 = _____

2 x 20 = _____

240 / 12 = _____

20 + 38 + 15 = _____

16 + 20 x 16 / 3 = _____

22 + 2 = _____

18 - 13 = _____

6 x 2 = _____

64 / 16 = _____

Day 452

7 + 22 = _____

28 - 5 = _____

7 x 14 = _____

90 / 5 = _____

40 + 14 + 15 = _____

1 + 15 x 9 / 3 = _____

10 + 12 = _____

18 - 17 = _____

9 x 7 = _____

552 / 23 = _____

Day 453

49 + 23 = _____

39 - 18 = _____

19 x 7 = _____

63 / 9 = _____

32 + 33 + 3 = _____

20 + 6 x 13 / 16 = _____

12 + 13 = _____

11 - 1 = _____

12 x 9 = _____

208 / 13 = _____

Day 454

24 + 4 = _____

47 - 8 = _____

12 x 21 = _____

16 / 2 = _____

44 + 9 + 23 = _____

14 + 17 x 12 / 2 = _____

20 + 24 = _____

22 - 1 = _____

16 x 9 = _____

196 / 14 = _____

Day 455

43 + 34 = _____

30 - 4 = _____

18 x 3 = _____

72 / 6 = _____

31 + 23 + 40 = _____

8 + 10 x 20 / 3 = _____

42 + 20 = _____

29 - 10 = _____

4 x 16 = _____

437 / 19 = _____

Day 456

46 + 38 = _____

9 - 7 = _____

14 x 1 = _____

198 / 9 = _____

15 + 45 + 26 = _____

3 + 12 x 22 / 18 = _____

18 + 11 = _____

32 - 22 = _____

20 x 3 = _____

88 / 22 = _____

Day 457

34 + 30 = _____

19 - 11 = _____

15 x 2 = _____

240 / 24 = _____

45 + 5 + 37 = _____

16 + 9 x 13 / 8 = _____

34 + 22 = _____

15 - 8 = _____

13 x 10 = _____

396 / 22 = _____

Day 458

32 + 47 = _____

33 - 8 = _____

4 x 13 = _____

529 / 23 = _____

41 + 3 + 30 = _____

13 + 6 x 5 / 11 = _____

36 + 42 = _____

16 - 8 = _____

15 x 1 = _____

108 / 18 = _____

Day 459

$18 + 40 =$ _____

$45 - 43 =$ _____

$7 \times 13 =$ _____

$140 / 14 =$ _____

$38 + 40 + 43 =$ _____

$18 + 16 \times 23 / 20 =$ _____

$43 + 45 =$ _____

$48 - 8 =$ _____

$23 \times 15 =$ _____

$19 / 19 =$ _____

Day 460

5 + 26 = _____

49 - 28 = _____

18 x 5 = _____

154 / 22 = _____

35 + 45 + 36 = _____

8 + 11 x 6 / 14 = _____

34 + 20 = _____

13 - 8 = _____

21 x 17 = _____

99 / 9 = _____

Day 461

$40 + 39 =$ _____

$1 - 1 =$ _____

$15 \times 16 =$ _____

$399 / 21 =$ _____

$30 + 30 + 39 =$ _____

$20 + 11 \times 7 / 24 =$ _____

$42 + 10 =$ _____

$43 - 23 =$ _____

$4 \times 20 =$ _____

$352 / 22 =$ _____

Day 462

$21 + 32 =$ ____

$18 - 5 =$ ____

$19 \times 17 =$ ____

$552 / 24 =$ ____

$17 + 37 + 4 =$ ____

$5 + 19 \times 17 / 19 =$ ____

$15 + 31 =$ ____

$43 - 6 =$ ____

$3 \times 18 =$ ____

$160 / 16 =$ ____

Day 463

5 + 20 = _____

21 - 9 = _____

11 x 24 = _____

25 / 5 = _____

30 + 45 + 7 = _____

15 + 19 x 6 / 9 = _____

5 + 5 = _____

32 - 21 = _____

11 x 3 = _____

27 / 9 = _____

Day 464

9 + 8 = _____

22 - 13 = _____

22 x 8 = _____

323 / 17 = _____

45 + 38 + 13 = _____

7 + 22 x 9 / 7 = _____

26 + 47 = _____

8 - 4 = _____

12 x 7 = _____

48 / 16 = _____

Day 465

48 + 3 = _____

13 - 10 = _____

1 x 12 = _____

10 / 2 = _____

15 + 37 + 15 = _____

6 + 7 x 1 / 10 = _____

14 + 43 = _____

45 - 6 = _____

6 x 21 = _____

312 / 13 = _____

Day 466

24 + 38 = _____

41 - 5 = _____

18 x 8 = _____

286 / 13 = _____

42 + 27 + 3 = _____

12 + 13 x 16 / 13 = _____

32 + 16 = _____

43 - 25 = _____

24 x 13 = _____

45 / 15 = _____

Day 467

2 + 25 = _____

28 - 24 = _____

17 x 14 = _____

44 / 4 = _____

14 + 22 + 3 = _____

19 + 1 x 6 / 9 = _____

17 + 44 = _____

38 - 32 = _____

11 x 18 = _____

70 / 5 = _____

Day 468

43 + 31 = _____

17 - 5 = _____

20 x 9 = _____

98 / 7 = _____

24 + 44 + 33 = _____

19 + 16 x 4 / 10 = _____

42 + 16 = _____

34 - 4 = _____

19 x 1 = _____

252 / 12 = _____

Day 469

26 + 21 = _____

47 - 25 = _____

17 x 5 = _____

68 / 17 = _____

19 + 41 + 47 = _____

17 + 7 x 9 / 8 = _____

17 + 4 = _____

1 - 1 = _____

14 x 22 = _____

99 / 9 = _____

Day 470

36 + 9 = _____

24 - 22 = _____

13 x 19 = _____

150 / 15 = _____

26 + 19 + 38 = _____

20 + 21 x 21 / 20 = _____

29 + 19 = _____

40 - 30 = _____

7 x 23 = _____

204 / 17 = _____

Day 471

8 + 25 = _____

2 - 1 = _____

1 x 19 = _____

88 / 4 = _____

48 + 9 + 49 = _____

6 + 9 x 5 / 7 = _____

8 + 19 = _____

39 - 16 = _____

11 x 8 = _____

156 / 12 = _____

Day 472

23 + 25 = _____

12 - 5 = _____

13 x 19 = _____

8 / 4 = _____

24 + 3 + 36 = _____

8 + 11 x 12 / 10 = _____

29 + 32 = _____

18 - 8 = _____

20 x 16 = _____

315 / 21 = _____

Day 473

24 + 20 = _____

6 - 4 = _____

9 x 13 = _____

84 / 14 = _____

7 + 33 + 48 = _____

14 + 21 x 19 / 9 = _____

32 + 8 = _____

41 - 5 = _____

13 x 5 = _____

336 / 16 = _____

Day 474

40 + 33 = _____

48 - 10 = _____

19 x 2 = _____

357 / 21 = _____

43 + 29 + 43 = _____

19 + 1 x 10 / 3 = _____

38 + 28 = _____

47 - 37 = _____

14 x 16 = _____

264 / 12 = _____

Day 475

28 + 39 = _____

14 - 10 = _____

8 x 24 = _____

126 / 14 = _____

22 + 42 + 27 = _____

8 + 24 x 10 / 8 = _____

38 + 9 = _____

15 - 14 = _____

3 x 24 = _____

24 / 24 = _____

Day 476

17 + 13 = _____

2 - 1 = _____

13 x 14 = _____

20 / 10 = _____

11 + 17 + 37 = _____

10 + 11 x 13 / 9 = _____

27 + 34 = _____

16 - 4 = _____

11 x 22 = _____

24 / 12 = _____

Day 477

6 + 19 = _____

13 - 3 = _____

16 x 7 = _____

144 / 16 = _____

46 + 29 + 38 = _____

23 + 11 x 7 / 23 = _____

1 + 39 = _____

4 - 3 = _____

8 x 24 = _____

144 / 6 = _____

Day 478

44 + 13 = _____

40 - 30 = _____

8 x 19 = _____

266 / 19 = _____

6 + 42 + 10 = _____

23 + 17 x 7 / 10 = _____

37 + 38 = _____

27 - 26 = _____

20 x 21 = _____

224 / 16 = _____

Day 479

45 + 13 = _____

37 - 11 = _____

11 x 9 = _____

12 / 3 = _____

5 + 44 + 19 = _____

9 + 23 x 20 / 14 = _____

18 + 29 = _____

9 - 1 = _____

16 x 2 = _____

63 / 7 = _____

Day 480

13 + 37 = _____

20 - 7 = _____

1 x 19 = _____

10 / 1 = _____

8 + 12 + 34 = _____

22 + 12 x 14 / 12 = _____

16 + 10 = _____

49 - 34 = _____

3 x 1 = _____

154 / 7 = _____

Day 481

23 + 46 = _____

11 - 2 = _____

10 x 16 = _____

20 / 20 = _____

25 + 33 + 45 = _____

12 + 14 x 2 / 1 = _____

5 + 19 = _____

5 - 2 = _____

6 x 4 = _____

138 / 6 = _____

Day 482

4 + 40 = _____

4 - 3 = _____

20 x 17 = _____

40 / 10 = _____

16 + 48 + 41 = _____

23 + 10 x 20 / 14 = _____

30 + 37 = _____

17 - 4 = _____

4 x 6 = _____

30 / 15 = _____

Day 483

46 + 13 = _____

8 - 7 = _____

8 x 24 = _____

28 / 14 = _____

38 + 11 + 49 = _____

4 + 10 x 8 / 20 = _____

49 + 17 = _____

7 - 3 = _____

14 x 13 = _____

54 / 18 = _____

Day 484

32 + 13 = _____

40 - 20 = _____

18 x 22 = _____

44 / 22 = _____

35 + 24 + 36 = _____

4 + 15 x 16 / 19 = _____

4 + 9 = _____

38 - 35 = _____

2 x 18 = _____

170 / 10 = _____

Day 485

$9 + 14 =$ _____

$47 - 16 =$ _____

$22 \times 1 =$ _____

$18 / 18 =$ _____

$28 + 10 + 8 =$ _____

$13 + 16 \times 12 / 12 =$ _____

$42 + 8 =$ _____

$42 - 6 =$ _____

$8 \times 17 =$ _____

$80 / 16 =$ _____

Day 486

10 + 17 = _____

28 - 2 = _____

8 x 20 = _____

255 / 15 = _____

20 + 11 + 30 = _____

16 + 6 x 19 / 14 = _____

1 + 3 = _____

47 - 22 = _____

5 x 23 = _____

44 / 11 = _____

Day 487

7 + 29 = _____

34 - 31 = _____

19 x 6 = _____

42 / 14 = _____

49 + 26 + 6 = _____

18 + 24 x 8 / 24 = _____

22 + 10 = _____

48 - 26 = _____

19 x 8 = _____

21 / 1 = _____

Day 488

14 + 3 = _____

29 - 24 = _____

3 x 9 = _____

72 / 6 = _____

11 + 38 + 11 = _____

11 + 12 x 16 / 22 = _____

40 + 23 = _____

41 - 5 = _____

15 x 3 = _____

6 / 3 = _____

Day 489

29 + 34 = ____

4 - 2 = ____

7 x 6 = ____

170 / 10 = ____

41 + 5 + 35 = ____

10 + 21 x 5 / 9 = ____

24 + 38 = ____

39 - 2 = ____

22 x 24 = ____

418 / 19 = ____

Day 490

24 + 39 = _____

15 - 3 = _____

2 x 23 = _____

55 / 5 = _____

37 + 9 + 1 = _____

24 + 4 x 1 / 20 = _____

47 + 13 = _____

40 - 3 = _____

10 x 9 = _____

133 / 19 = _____

Day 491

$2 + 30 =$ _____

$5 - 2 =$ _____

$8 \times 20 =$ _____

$18 / 3 =$ _____

$4 + 39 + 39 =$ _____

$15 + 18 \times 24 / 2 =$ _____

$17 + 38 =$ _____

$31 - 20 =$ _____

$23 \times 6 =$ _____

$105 / 21 =$ _____

Day 492

11 + 22 = _____

47 - 39 = _____

19 x 3 = _____

220 / 22 = _____

27 + 35 + 27 = _____

7 + 14 x 24 / 14 = _____

43 + 30 = _____

33 - 31 = _____

23 x 5 = _____

99 / 9 = _____

Day 493

6 + 49 = _____

10 - 5 = _____

8 x 19 = _____

340 / 17 = _____

3 + 9 + 20 = _____

22 + 22 x 10 / 24 = _____

16 + 7 = _____

8 - 3 = _____

7 x 22 = _____

85 / 5 = _____

Day 494

26 + 18 = _____

10 - 7 = _____

2 x 8 = _____

132 / 6 = _____

1 + 42 + 49 = _____

21 + 21 x 14 / 15 = _____

29 + 32 = _____

42 - 36 = _____

12 x 3 = _____

12 / 4 = _____

Day 495

33 + 24 = _____

31 - 11 = _____

21 x 19 = _____

60 / 20 = _____

28 + 45 + 15 = _____

17 + 3 x 4 / 24 = _____

32 + 27 = _____

40 - 11 = _____

10 x 2 = _____

308 / 22 = _____

Day 496

$7 + 37 =$ _____

$25 - 14 =$ _____

$18 \times 11 =$ _____

$17 / 1 =$ _____

$29 + 19 + 14 =$ _____

$13 + 7 \times 11 / 23 =$ _____

$20 + 6 =$ _____

$10 - 7 =$ _____

$11 \times 23 =$ _____

$308 / 14 =$ _____

Day 497

26 + 23 = _____

33 - 6 = _____

9 x 17 = _____

380 / 20 = _____

3 + 37 + 46 = _____

12 + 15 x 8 / 6 = _____

4 + 34 = _____

28 - 6 = _____

18 x 8 = _____

300 / 20 = _____

Day 498

$$35 + 12 = \underline{\hphantom{0000}}$$

$$29 - 11 = \underline{\hphantom{0000}}$$

$$4 \times 5 = \underline{\hphantom{0000}}$$

$$96 / 8 = \underline{\hphantom{0000}}$$

$$32 + 29 + 42 = \underline{\hphantom{0000}}$$

$$24 + 3 \times 2 / 6 = \underline{\hphantom{0000}}$$

$$33 + 49 = \underline{\hphantom{0000}}$$

$$37 - 23 = \underline{\hphantom{0000}}$$

$$6 \times 19 = \underline{\hphantom{0000}}$$

$$207 / 9 = \underline{\hphantom{0000}}$$

Day 499

18 + 4 = _____

44 - 6 = _____

2 x 22 = _____

357 / 17 = _____

30 + 34 + 42 = _____

24 + 24 x 19 / 8 = _____

34 + 28 = _____

37 - 10 = _____

7 x 22 = _____

162 / 18 = _____

Day 500

$5 + 49 =$ _____

$22 - 19 =$ _____

$6 \times 24 =$ _____

$255 / 17 =$ _____

$41 + 17 + 15 =$ _____

$6 + 8 \times 7 / 2 =$ _____

$13 + 30 =$ _____

$46 - 34 =$ _____

$6 \times 7 =$ _____

$21 / 7 =$ _____

Thank You!

Dear Readers,

Thank you so much for purchasing this book. Your support means the world to us. We hope that these exercises have been both fun and educational, helping you to grow and develop your mathematical skills.

To all the little geniuses out there, always remember that learning is a journey, and each step you take brings you closer to achieving your dreams. Keep pushing forward, stay curious, and never stop exploring the wonderful world of numbers.

We wish you all the best in your studies and beyond. May your path be filled with knowledge, success, and countless achievements.

Best Wishes,

SERHII MALEY